高职高专校企双元合作新形态教材

瓷砖铺贴技术施工工艺图解

熊卫锋　周　园　程建伟 ○ 编著

中国建材工业出版社

图书在版编目（CIP）数据

瓷砖铺贴技术施工工艺图解/熊卫锋，周园，程建伟编著. --北京：中国建材工业出版社，2023.2
ISBN 978-7-5160-3433-0

Ⅰ.①瓷… Ⅱ.①熊… ②周… ③程… Ⅲ.①瓷砖—镶贴—图解 Ⅳ.①TU767.2-64

中国版本图书馆CIP数据核字（2021）第274995号

内 容 提 要

本书共分五个模块，系统介绍了我国瓷砖铺贴行业发展现状、瓷砖铺贴施工过程中的主辅材及工具、设计选材原则、瓷砖铺贴工艺详解、特殊部位处理、质量验收、常见施工问题及解决方法，提出了360°瓷砖铺贴系统解决方案，从系统设计、施工和验收的角度，阐述了基层识别、基层处理、瓷砖安装以及填缝防护之间联系以及材料选择和施工方式的重要性，并通过图解的方式，对瓷砖铺贴系统的全施工流程进行了详细说明。

本书不仅可供高职院校学生作为专业课教材使用，还可以作为广大瓷砖铺贴技术人员、施工人员的案头书，指导瓷砖铺贴工人掌握新型瓷砖铺贴工艺，提升瓷砖铺贴质量。

瓷砖铺贴技术施工工艺图解
Cizhuan Putie Jishu Shigong Gongyi Tujie
熊卫锋　周　园　程建伟　编著

出版发行：中国建材工业出版社
地　　址：北京市海淀区三里河路11号
邮　　编：100831
经　　销：全国各地新华书店
印　　刷：北京印刷集团有限责任公司
开　　本：787mm×1092mm　1/16
印　　张：9
字　　数：170千字
版　　次：2023年2月第1版
印　　次：2023年2月第1次
定　　价：49.00元

本社网址：www.jccbs.com，微信公众号：zgjcgycbs
请选用正版图书，采购、销售盗版图书属违法行为
版权专有，盗版必究。本社法律顾问：北京天驰君泰律师事务所，张杰律师
举报信箱：zhangjie@tiantailaw.com　举报电话：(010)57811389
本书如有印装质量问题，由我社市场营销部负责调换，联系电话：(010)57811387

本书编委会

主　　编：熊卫锋　周　园　程建伟
编　　委：（按姓氏拼音排序）
　　　　　蔡和进　陈志强　段　炼　高　华　洪存锋　胡雪艳
　　　　　黄佳鑫　季文杰　姜东博　靳宝龙　李　明　廖海瑞
　　　　　刘文强　罗鲜生　秦博文　宋合斌　苏更华　孙新积
　　　　　王家龙　王　萌　王　培　文生秀　吴松辉　伍　坪
　　　　　闫寒光　严兴李　袁国枢　张冬冬　张广辉　张　静
　　　　　张　欣　赵美君　赵振林　钟　斌　周甫军　周　晖
　　　　　朱耿举
照片拍摄：秦博文
施工演示：宋合斌（全国技术能手）　林小明
组编单位：北京东方雨虹防水技术股份有限公司
　　　　　北京市顺义区东方雨虹职业技能培训学校
　　　　　东方雨虹民用建材有限责任公司
　　　　　徐州工业职业技术学院
参编单位：（按单位拼音排序）
　　　　　成都大成不凡建材有限公司
　　　　　东方雨虹砂粉科技集团有限公司
　　　　　广州城建职业学院
　　　　　广州番禺职业技术学院
　　　　　合肥市磁实真商贸有限公司

衡阳雨之顺防水工程有限公司

惠州市山宝实业有限公司

江苏城乡建设职业学院

宁夏建设职业技术学院

沛县元一防水工程有限责任公司

清远好师傅装饰工程有限公司

邵阳市雨同建筑防水工程有限公司

四川城市职业学院

唐姆建材有限公司

苏州迈普工具有限公司

温州市温江源建材有限公司

厦门金鳄防水堵漏工程有限公司

襄阳海瑞建材有限公司

业之峰诺华家居装饰集团股份有限公司

宜昌市君悦防水工程有限公司

湛江市金玉满堂建材有限公司

中国陶瓷工业协会瓷砖粘贴技术专业委员会

序 言

从农民工到产业工人，从产业工人到工匠，每一步都是一次蜕变与飞跃。

东方雨虹是一家做工的企业。要成为真正的"工匠"，培训学习与训练是不能省掉的环节。

中国建筑的主力军之一是泥瓦工，瓷砖铺贴是一项技术活，只有真正的工匠方能成就精品工程。装饰装修行业无比需要这样有真正专业技能的工人。

我们中国人房子的资产占财务的比例很大，因此对房子的关注度特别高，这也是我们的市场机会。真正掌握瓷砖铺贴技术的熟练工人，在市场上、职场上就是香饽饽，就完全可以养活一家人，过上幸福的小康生活。社会有需求，恰恰我们又有这样的能力，这就是我们学技术的基本逻辑。

东方雨虹董事长李卫国

2022 年 11 月

前　言

我国虽然是瓷砖生产和消费大国，但瓷砖的铺贴安装技术却落后于欧美发达国家。近年来，随着消费升级，装修质量及装修过程中的隐蔽工程越来越受到消费者的关注，瓷砖空鼓、脱落以及瓷砖缝隙变黑、发霉引起的系统性瓷砖安装问题愈发凸显。打开搜索引擎，输入"瓷砖空鼓、脱落"，可搜索到的词条高达3500万条。可见，这并不是个例，而是家装中最容易出现的质量通病，也涉及数百万家庭的居住舒适度与安全保障。

与此同时，近年来，国家有关部委已经采取了多项措施，对耗能及污染严重的建筑行业提出了走向环保、节能、绿色发展的新要求。各地有关禁止现场搅拌、大力发展预拌砂浆的政策性文件纷纷出台，并在建筑工程体系中得到了贯彻落实，但在室内装修领域，现场搅拌水泥砂浆的问题依然普遍存在，以瓷砖胶、砌筑抹灰砂浆及找平砂浆为代表的新型预拌砂浆并没有得到广泛使用。因此，室内装修也要顺应绿色建材及绿色装修的发展趋势，大力推动瓷砖胶、自流平砂浆及美缝剂等新型建筑装修材料的发展，促进瓷砖铺贴工艺的升级迭代。

瓷砖铺贴系统由基层处理、防水防潮、瓷砖铺贴、美缝防护等多个环节组成，作为一项重要的系统性隐蔽工程，其铺贴的牢固性、可靠性、环保性、美观性以及系统匹配性，直接影响居住的安全性与舒适度。目前，我国大多数地区仍然采用水泥砂浆传统厚贴工艺进行瓷砖铺贴，这种工艺不仅铺贴质量得不到保证，同时效率低下，装修现场粉尘污染严重，而采用新型瓷砖胶薄贴法施工工艺的比例不足16%。同时，由于缺乏系统设计方案、施工指导培训以及专业验收，瓷砖的空鼓率依然居高不下。如何能够为瓷砖铺贴从业人员提供一整套行之有效、简单易懂的解决方案将是本书编著者的主要出发点。

本书共分五个模块，系统介绍了我国瓷砖铺贴行业发展现状、瓷砖铺贴施工过程中的主辅材及工具、设计选材原则、瓷砖铺贴工艺详解、特殊部位处理、质量验收、常见施工问题及解决方法，并提出了360°瓷砖铺贴系统解决方案，从系统设计、施工和验收的角度，阐述了基层识别、基层处理、瓷砖安装以及填缝防护之间的联系以及材料选择和施工方式的重要性，并通过图解的方式，对瓷砖铺贴系统的全施工流程进行了详细说明。

为指导瓷砖铺贴工人掌握新型瓷砖铺贴工艺，提升瓷砖铺贴质量，提高施工效率，降低现场粉尘污染，在雨虹学院的倡导和组织下，特编著此书，希望对广大瓷砖铺贴技术人员、施工人员有所帮助。

限于作者学识水平及技术阅历，书中缺憾疏失在所难免，敬请读者批评指正，以便再版时更正。

熊卫锋
2022 年 10 月

目 录

模块一　主辅材及工具

1.1　主材　002
1.1.1　瓷砖的概念　002
1.1.2　瓷砖的分类　003

1.2　辅材　006
1.2.1　水泥　006
1.2.2　加固剂　006
1.2.3　找平砂浆　007
1.2.4　瓷砖胶粘剂　007
1.2.5　瓷砖背胶　009
1.2.6　水泥基填缝剂　010
1.2.7　美缝剂　010

1.3　施工工具　011
1.3.1　基层检查及处理工具　011
1.3.2　基层加固工具　013

检查与评价　030

模块二　360°瓷砖铺贴系统解决方案

2.1　设计及选材　035
2.1.1　设计　035
2.1.2　选材　038

2.2　实地勘察及技术交底　040

2.2.1　实地勘察 ·· 040
　　2.2.2　主材与辅材确认 ·· 041
2.3　施工工艺详解 ··· **042**
　　2.3.1　施工前准备 ·· 042
　　2.3.2　基层处理 ·· 043
　　2.3.3　找平找方 ·· 045
　　2.3.4　排版放线 ·· 050
　　2.3.5　瓷砖切割 ·· 053
　　2.3.6　瓷砖铺贴 ·· 058
　　2.3.7　成品保护 ·· 075
　　2.3.8　瓷砖填缝/美缝 ··· 076

检查与评价 ·· **083**

模块三　特殊部位处理

3.1　马桶 ·· **091**
　　3.1.1　施工步骤 ·· 091
　　3.1.2　注意事项 ·· 091
3.2　蹲便器 ··· **092**
3.3　洗手台 ··· **093**
　　3.3.1　定制 ··· 093
　　3.3.2　成品 ··· 093
3.4　地漏 ·· **094**
3.5　过门石 ··· **094**
3.6　窗台 ·· **094**
3.7　管道 ·· **097**
3.8　开关线盒 ·· **097**
3.9　出水口 ··· **098**
3.10　感应淋浴器 ··· **098**

3.11 地暖分水器 ·· 098
检查与评价 ·· 099

模块四　瓷砖铺贴施工质量验收

4.1 饰面砖粘贴分项工程质量验收 ························ 102
  4.1.1 主控项目 ······································· 103
  4.1.2 一般项目 ······································· 105
  4.1.3 验收记录 ······································· 110
4.2 填缝/美缝质量验收规范 ······························ 111
4.3 干挂质量验收规范 ······································ 111
检查与评价 ·· 112

模块五　常见质量问题及解决方法

5.1 瓷砖铺贴材料常见问题 ································ 116
5.2 瓷砖铺贴施工时常见问题 ····························· 118
5.3 瓷砖施工后常见问题 ··································· 120
5.4 美缝施工时常见问题 ··································· 122
5.5 美缝/填缝施工后常见问题 ··························· 123
检查与评价 ·· 126

参考文献 ·· 130

写给未来进入装修行业学生的话 ························· 131

模块一 主辅材及工具

学习目标

- 能够掌握瓷砖的分类；
- 能够掌握辅材的种类及用途；
- 能够掌握瓷砖铺贴施工工具及用途。

思维导图

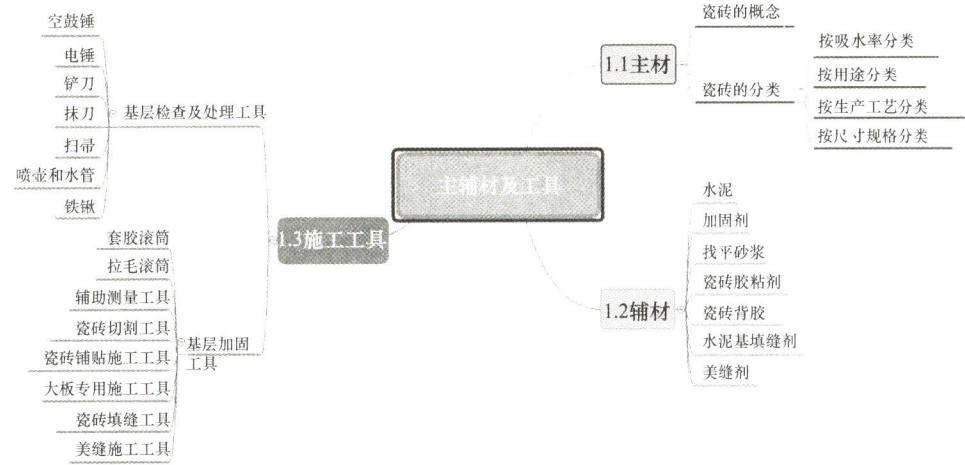

1.1 主 材

1.1.1 瓷砖的概念

定义：瓷砖是由黏土、长石和石英为主要原料制造的用于覆盖墙面和地面的板状或块状建筑陶瓷制品，有房子"皮肤"称谓。

组成：黏土、长石、石英、滑石或其他无机非金属材料及硅酸盐矿物。

加工流程：将原料研磨、混合，在室温下通过挤压、干压或其他方法将其成型干燥，按照性能要求的温度烧制而成。瓷砖加工的详细流程如图 1-1 所示。

类别：分为有釉和无釉两种。

特点：耐高温、耐磨、耐酸碱，便于清洁，美观。

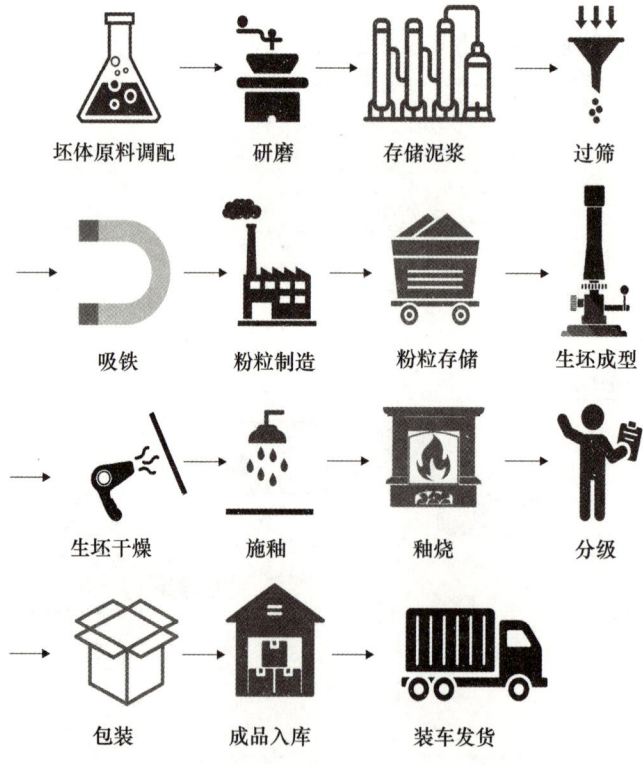

图 1-1 瓷砖加工的详细流程

1.1.2 瓷砖的分类

1. 按吸水率分类

依据国家标准《陶瓷砖》(GB/T 4100—2015),瓷砖可以按照成型方法和吸水率进行分类,见表1-1。

表1-1 瓷砖分类、代号及示例

材质分类	吸水率 E	代号	示例
瓷质砖	$E \leqslant 0.5\%$	挤压砖,AⅠa类	
		干压砖,BⅠa类	
炻瓷砖	$0.5\% < E \leqslant 3\%$	挤压砖,AⅠb类	
		干压砖,BⅠb类	
细炻砖	$3\% < E \leqslant 6\%$	挤压砖,AⅡa类	
		干压砖,BⅡa类	
炻质砖	$6\% < E \leqslant 10\%$	挤压砖,AⅡb类	
		干压砖,BⅡb类	
陶质砖	$E > 10\%$	挤压砖,AⅢ类	
		干压砖,BⅢ类	

2. 按用途分类

瓷砖根据用途可分为外墙砖、内墙砖、地砖、广场砖和工业砖。

3. 按生产工艺分类

按瓷砖生产工艺划分，市面上常见的瓷砖可分为瓷抛砖、大理石瓷砖（抛釉砖）、抛光砖、仿古砖、瓷片砖、岩板砖、特色砖等。

（1）瓷抛砖

表面材质：瓷质。

工艺：经印刷装饰、高温烧结、表面抛光处理而成的瓷砖。

特点：与表面为玻璃质材料（如抛釉砖）的陶瓷墙地砖相比，瓷抛砖具有更高的耐磨特性，质感更加温润，纹理更加自然逼真（图1-2）。

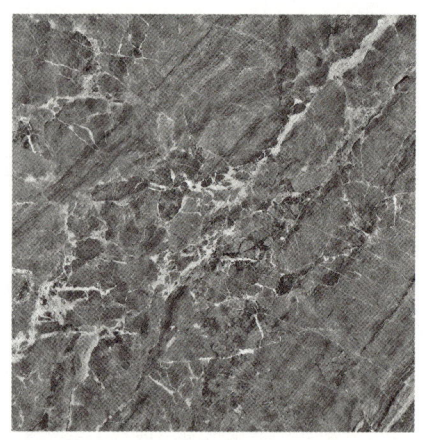

图1-2 瓷抛砖

（2）大理石瓷砖（抛釉砖）

表面材质：专用水晶耐磨釉。

工艺：经高温烧结工艺使其分子完全密闭而制成的瓷砖。

特点：大理石瓷砖能长时间保持高亮不黯淡，坚硬耐磨；吸水率低于0.5%，比天然石材质地均匀、致密、稳定、安全；用硬币边缘使劲划磨大理石瓷砖表面，表面没有划痕或者掉渣现象（图1-3）。

图1-3 大理石瓷砖

（3）抛光砖

工艺：通体砖坯表面经过打磨而成的瓷砖。

特点：抛光砖表面光滑，硬度高，耐磨性好，吸水率≤0.5%；相对比抛釉砖，花色简单（图1-4）。

图1-4 抛光砖

（4）仿古砖

工艺：在瓷质砖表面进行上釉而制成的一种具有复古气质的瓷砖。

特点：仿古砖通过样式、颜色、图案，营造出怀旧的氛围，具有古典美及历史的厚重感（图1-5）。

图1-5　仿古砖

（5）瓷片砖

特点：瓷片砖的吸水率高，产品强度、耐磨度以及急冷急热性能等指标与瓷质砖、半瓷砖相比都较低；产品表面的釉面光亮、平滑、针孔熔洞较小、抗污易洁；釉面颜色丰富多彩、图案千变万化、装饰性很强；产品容易切割、粘贴，施工方便。

适用范围：适用于室内墙面的装饰（图1-6）。

图1-6　瓷片砖

（6）岩板砖

特点：吸水率≤0.5%；产品规格丰富，包括 900mm×1800mm、1200mm×1600mm、800mm×2400mm、1200mm×2400mm 等规格，且可任意切割使用。

适用范围：适用于墙地面装饰（图1-7）。

（7）特色砖

类别：可分为地毯砖、木化石、木纹砖等。

工艺：经釉面砖工艺、微晶工艺而制成的瓷砖。

适用范围：适用于墙地面个性化装饰（图1-8）。

图1-7　岩板砖

图1-8　特色砖

4. 按尺寸规格分类

瓷砖按尺寸规格分类，见表1-2。

表1-2 瓷砖尺寸规格分类

分类	尺寸
小尺寸	小于150mm×150mm
常规尺寸	150mm×150mm～800mm×800mm
大尺寸	大于800mm×800mm

1.2 辅 材

1.2.1 水泥

定义：以硅酸盐水泥熟料、适量的石膏以及规定的混合材料制成的粉状水硬性无机胶凝材料。

用途：与河砂或机制砂等材料混合，用于找平、砌筑（图1-9）。

图1-9 水泥

1.2.2 加固剂

定义：由聚合物乳液、多功能助剂组成的新型高渗透性墙地面处理材料，又称界面剂。加固剂封闭性好、渗透性强，与水泥混合后用于界面增糙处理，提高界面结合力。

用途：用于普通混凝土、加气混凝土、抹灰层和砖混墙面等部位的防水、贴砖以及批刮腻子前的界面加固处理（图1-10）。

模块一 主辅材及工具

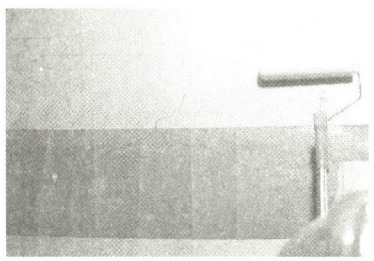

图 1-10 加固剂

1.2.3 找平砂浆

定义：由水泥、精细骨料和多种高性能外加剂配制而成的基层找平材料。

用途：用于建筑、装修工程的室内外墙地面和顶棚抹灰找平（图 1-11）。

图 1-11 找平砂浆

1.2.4 瓷砖胶粘剂

瓷砖胶粘剂（简称瓷砖胶）是一种用于室内外墙地面瓷砖铺贴的特种粘结材料，分为水泥基胶粘剂（C）、反应型树脂胶粘剂（R）和膏状乳液基胶粘剂（D）。本文仅介绍前两种瓷砖胶。

1. 水泥基胶粘剂

水泥基胶粘剂是由水泥、级配砂、可再分散乳胶粉、纤维素醚等组成的粉状混合物，使用时需与水及其他液体混合物拌和。

水泥基胶粘剂（C）的分类与代号见表 1-3。

表 1-3 水泥基胶粘剂（C）的分类与代号

分类	代号	说明
C	1	普通型水泥基胶粘剂
C	1F	快凝型水泥基胶粘剂

续表

分类	代号	说明
C	1T	抗滑移普通型水泥基胶粘剂
C	1FT	快凝抗滑移水泥基胶粘剂
C	2	增强型水泥基胶粘剂
C	2E	加长晾置时间增强型水泥基胶粘剂
C	2F	快凝增强型水泥基胶粘剂
C	2T	抗滑移增强型水泥基胶粘剂
C	2TE	抗滑移加长晾置时间增强型水泥基胶粘剂
C	2FT	快凝抗滑移增强型水泥基胶粘剂

水泥基胶粘剂（C）特定的使用环境下可能被选用的特殊性能见表1-4。

表1-4 水泥基胶粘剂（C）的技术要求——特殊性能

代号	性能	指标
T	抗滑移性/mm	≤0.5
F	6h 拉伸粘结强度/MPa	≥0.5
F	10 分钟晾置时间，拉伸粘结强度/MPa	>0.5
S	柔性胶粘剂（S1）/mm	≥2.5，且<5
S	高柔性胶粘剂（S2）/mm	≥5
E	30 分钟晾置时间，拉伸粘结强度/MPa	>0.5

用途：用于室内外不同基层上各种瓷砖、石材等材料的铺贴。

特点：

(1) 粘结强度高，能有效解决各种瓷砖的空鼓、脱落问题；

(2) 施工快捷，施工效率约为水泥砂浆的2倍以上；

(3) 薄贴法施工铺贴厚度小（厚度为5～8mm），有效节约室内空间；

(4) 安全，环保，不含甲醛等有害物质（图1-12）。

 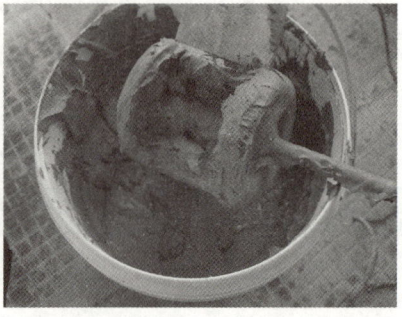

图1-12 水泥基胶粘剂

2. 反应型树脂胶粘剂

定义：由合成树脂、矿物填料和添加剂组成的单组分或多组分混合物，通过化学反应固化的胶粘剂，拌和均匀后使用。

用途：用于吊顶、幕墙、石材、干挂装饰板及承载较大的物体的粘结（图1-13）。

图1-13　反应型树脂胶粘剂

1.2.5　瓷砖背胶

定义：一种能够吸收粘结材料收缩及基体形变产生的应力的材料，可防止瓷砖空鼓、脱落，用于瓷砖背面，通常情况下与瓷砖胶复合使用。

用途：用于室内稳定基层上，非长期浸水环境条件下低吸水率瓷砖背面的界面处理（图1-14）。

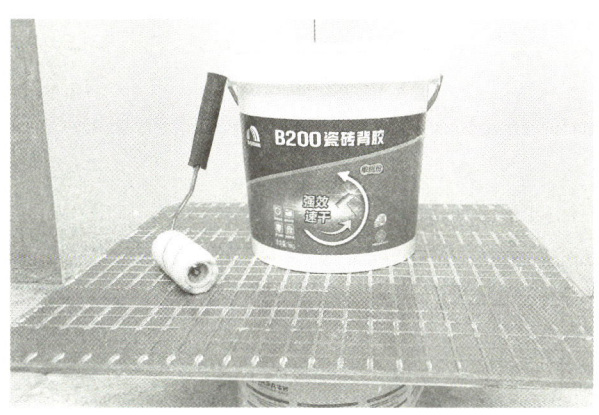 

图1-14　瓷砖背胶

1.2.6 水泥基填缝剂

定义：以水泥、石英砂、可再分散乳胶粉及多种添加剂混合而成的粉状填缝材料。

用途：用于各类瓷砖、马赛克、大理石、花岗岩、文化石等材料的装饰填缝（图 1-15）。

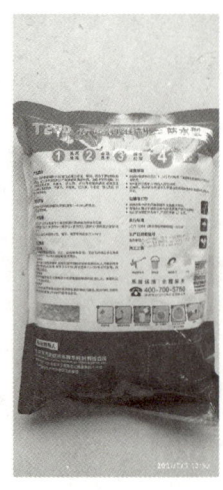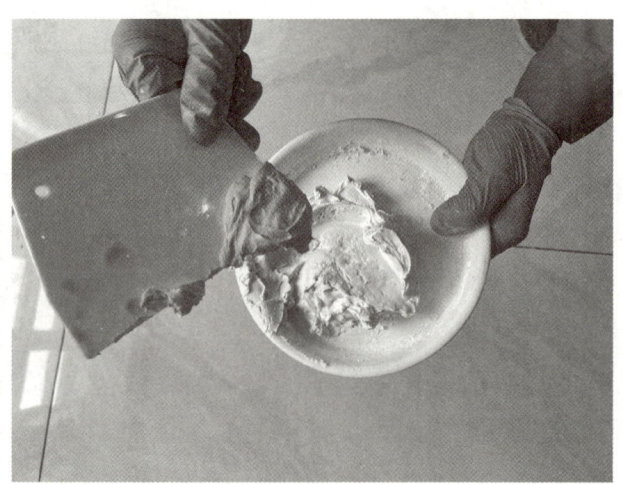

图 1-15　水泥基填缝剂

1.2.7 美缝剂

定义：以反应型树脂为基料，添加各种助剂、颜料和/或骨料制成的膏状体材料，具有防水、防霉、装饰和填缝的功能。

用途：用于室内墙地面瓷砖缝隙的填充美化处理（图 1-16）。

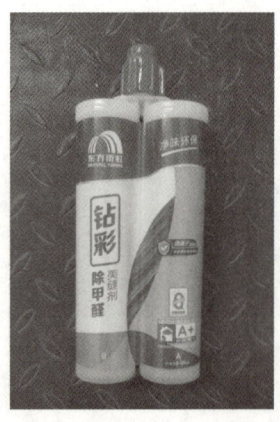

图 1-16　美缝剂

1.3 施工工具

1.3.1 基层检查及处理工具

1. 空鼓锤

应用范围：用于检查天花板、地板、窗台、阳台、墙面等部位是否空鼓。

使用方法：用空鼓锤轻轻敲击所测基面，根据基面发出的声音，判定是否空鼓（图1-17）。

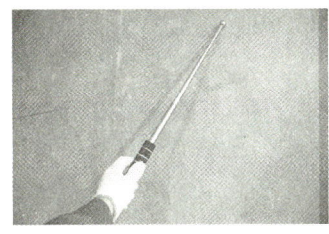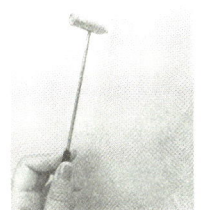

图1-17　空鼓锤

2. 电锤

应用范围：电锤是电钻的一种，主要用于在混凝土、楼板、砖墙和石材上面进行钻孔、破碎、凿平、开槽等作业。

使用方法：操作时，双手分别用力握住把手，身体呈俯冲状态，用力压住电锤对钻孔、剔槽等部位进行冲击（图1-18）。

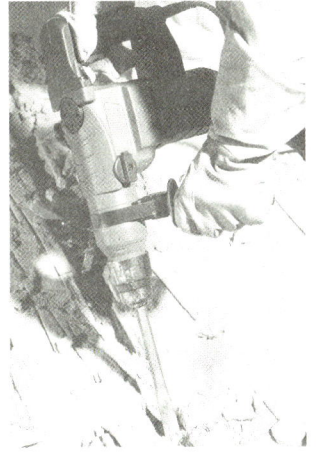

图1-18　电锤

3. 铲刀

应用范围：用于清理基层的凸出物、疏松物、油污，也可用于美缝剂的铲边。

使用方法：与基面保持一定角度，推动使用（图 1-19）。

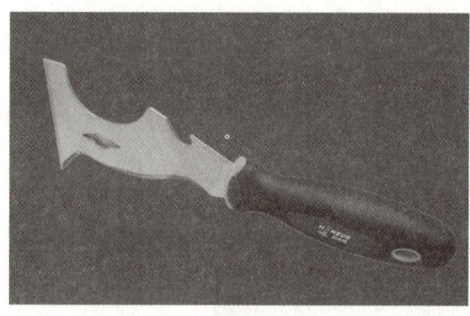 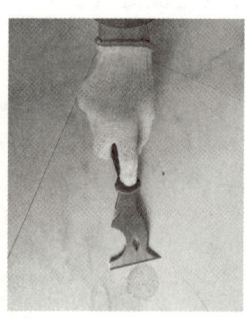

图 1-19　铲刀——虹大师

4. 抹刀

应用范围：用于水泥砂浆、石膏砂浆、腻子等产品批刮的专业工具（图 1-20）。

 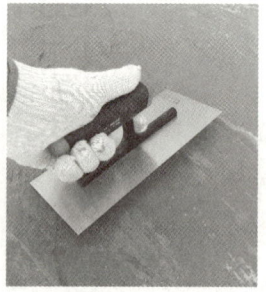

图 1-20　抹刀——虹大师

5. 扫帚

应用范围：用于基层清扫或装饰面的清理（图 1-21）。

图 1-21　扫帚

6. 喷壶和水管

应用范围：用于润湿基层、养护墙面（图1-22）。

图1-22　喷壶和水管

7. 铁锹

应用范围：用于现场的水泥砂浆搅拌及垃圾装运处理（图1-23）。

图1-23　铁锹

1.3.2 基层加固工具

1. 套胶滚筒

应用范围：用于加固剂滚涂套胶，或防水涂料、乳胶漆滚涂施工等（图1-24）。

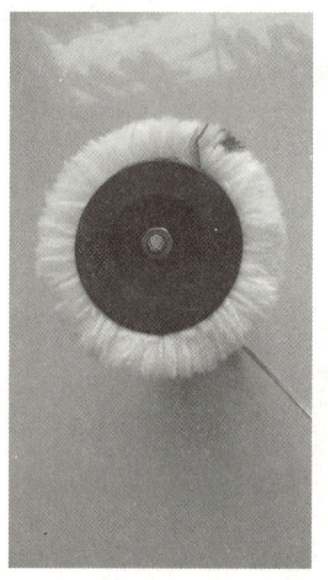
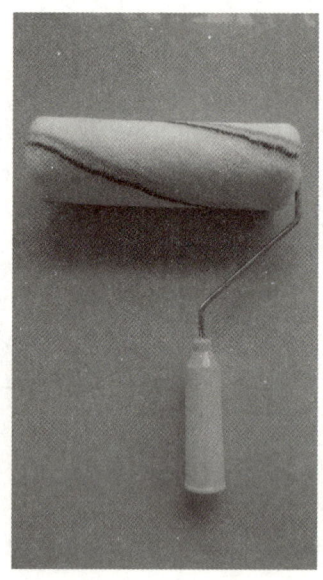

图 1-24　套胶滚筒

2. 拉毛滚筒

应用范围：在光滑混凝土基层、柔性防水基层上使用拉毛浆料（加固剂＋水泥）进行界面增糙处理（图 1-25）。

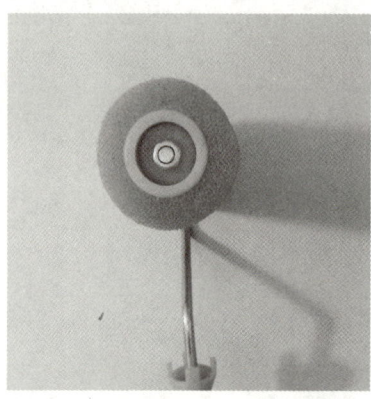
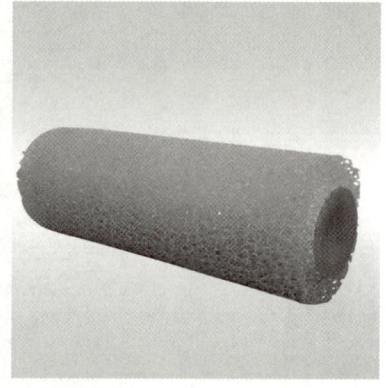

图 1-25　拉毛滚筒

3. 辅助测量工具

（1）线坠

应用范围：用于基层找平及瓷砖铺贴过程中立面垂直度的标线，保证基面的垂直度。

使用方法：先检测基面的平整度，根据所测误差范围，设置立面垂直度标线并将线坠按其标线固定（图 1-26）。

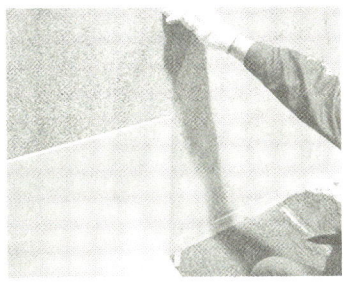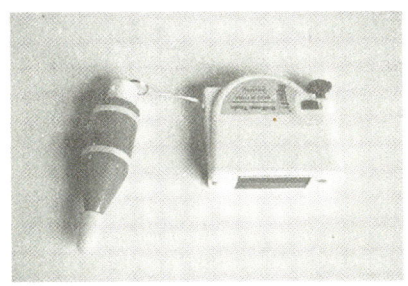
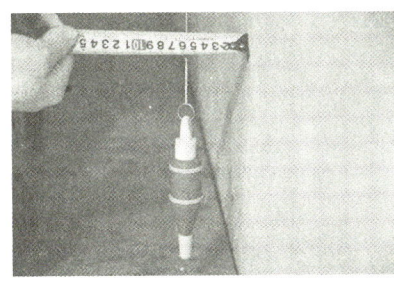

图 1-26 线坠

(2) 卷尺

应用范围：装饰装修必备的测量工具，主要用于短跨度的长度测量（图 1-27）。

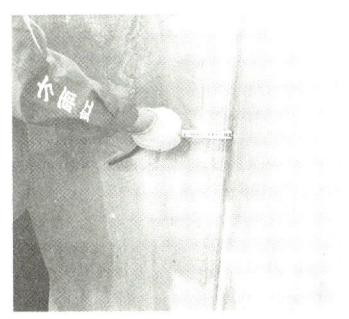

图 1-27 卷尺——开普路

(3) 红外线水平仪

应用范围：用于装饰装修工程中平整度、垂直度的检测，能够快速、准确标记参考标高及垂直度。

使用方法：使用前应先将水平仪放在平板上，读取水平珠的刻度大小，然后将水平仪反转置于同一位置，再读取其刻度大小，若读数相同，即表示仪器处于水平状态（图 1-28）。

(4) 气泡水平尺

应用范围：用于测量墙地面、瓷砖面等各种表面的相对水平位置，以及测量铅锤位置、倾斜位置的偏离程度。

图 1-28　红外线水平仪——虹大师

使用方法：横向玻璃管用来测量水平面，竖向玻璃管用来测量垂直面，斜向玻璃管用来测量 45°角。将水平尺放在被测表面上，水平尺气泡偏向哪边，则表示哪边偏高，即需要降低该侧的高度，或调高相反侧的高度。当水泡调整至中心位置时则表明被测表面在该方向是水平的（图 1-29）。

图 1-29　气泡水平尺——虹大师

（5）楔形塞尺

应用范围：一般与水平尺或工程测量尺配合使用，用来检测墙地面的水平度及垂直度的误差，同时也可用来测量瓷砖缝隙宽度。

使用方法：先将被测量的工件表面清理干净，形成缝隙的两片瓷砖必须相对固定，目测间隙大小，选择适当的楔形塞尺塞入，读取刻度值（图 1-30）。

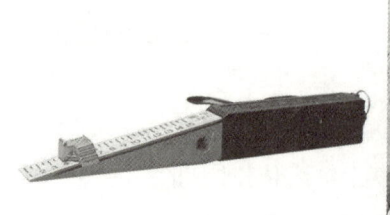 

图 1-30　楔形塞尺

(6) 刮尺（靠尺）

应用范围：主要用于墙地面的大面找平及大面批刮底层腻子或石膏。

使用方法：在使用时要求在两头都要有基准点，靠着两个基准点，用刮尺刮去多余的砂浆或腻子（图1-31）。

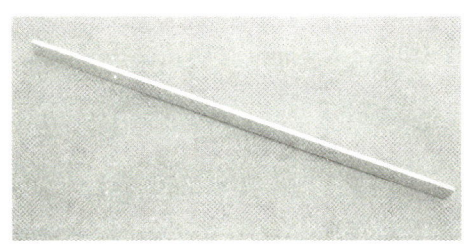

图1-31 刮尺（靠尺）

(7) 直角尺

应用范围：主要用于检测墙角、垛柱、门窗边角是否呈90°直角。

使用方法：将直角尺靠放在被测瓷砖的工作面上，测试工件的角度是否正确。为确保测量结果精确，可将直角尺翻转180°再测量一次，取两次的平均值（图1-32）。

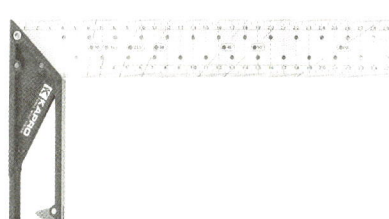

图1-32 直角尺— 开凿路

4. 瓷砖切割工具

(1) 瓷砖切割机

应用范围：主要用于快速切割边长不大于800mm的墙地砖。

使用方法：①定位划线。将瓷砖平放在底板上，放下手柄使刀轮与瓷砖表面接触，将手柄向前轻推使刀轮在瓷砖表面割出一道连续均匀的直线。②下压断开。将手柄快速向后拉动,瓷砖即沿着划线断开(图1-33)。

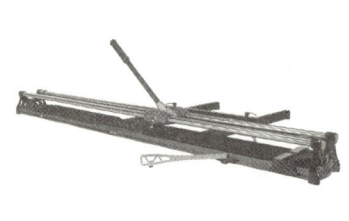

图1-33 瓷砖切割机

(2)玻璃刀

应用范围:主要用于快速切割低硬度墙地砖。

使用方法:用直尺固定好尺寸,握住玻璃刀用力对准标线,刀柄与玻璃的角度约呈45°角,快速划动(图1-34)。

图1-34 玻璃刀

(3)电动切割机

应用范围:用于瓷砖切割。

使用方法:接通电源后,用锯片沿提前绘制的辅助线进行瓷砖切割(图1-35)。

图1-35 电动切割机

（4）倒角一体机

应用范围：用于瓷砖倒角切割。

使用方法：先将瓷砖放平，然后将倒角一体机的滚轮靠紧瓷砖，用力平推（图1-36）。

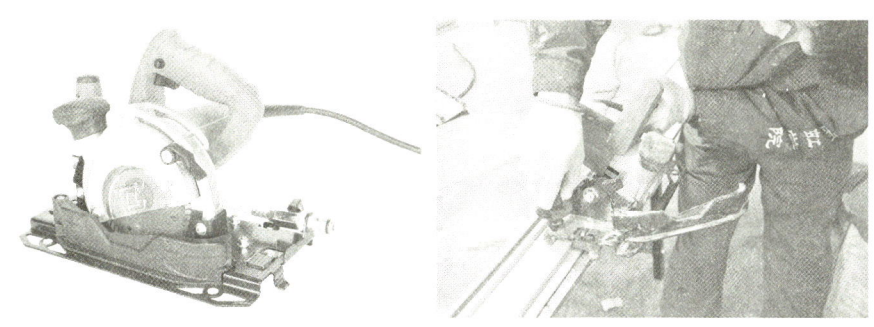

图1-36　倒角一体机

（5）瓷砖开孔器

应用范围：瓷砖开孔器通常用于瓷砖、玻璃面的打孔作业；手电钻用于金属材料、瓷砖、木材、塑料的钻孔。

使用方法：①在打孔的瓷砖上选出合适的位置，同时检查瓷砖是否有空鼓的现象，避免在空鼓的瓷砖上打孔。②瓷砖打孔之前，先在瓷砖上贴封箱胶，这样有利于对打孔位置进行定位，同时也能防止瓷砖开裂。③先用水泥钉在瓷砖打孔的位置上凿出一个小点，以防止钻头在打孔时打滑。④准备打孔时，先将电锤调成平钻模式，再开启开关，在钻孔时慢速旋转，进而将孔打入（图1-37）。

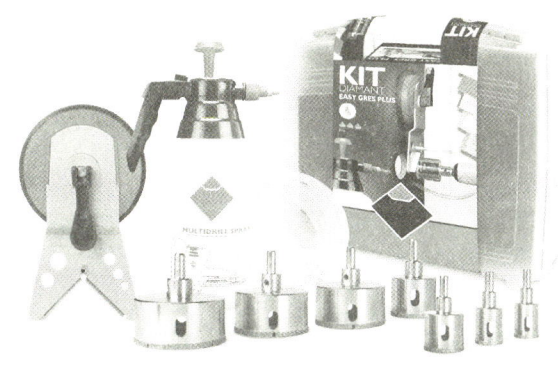 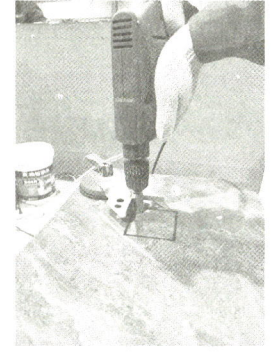

图1-37　瓷砖开孔器

（6）手提角磨机

应用范围：主要用于切割、修理飞边和毛刺，或用于清理大板脱模剂。

使用方法：打开开关，等待砂轮转动稳定后开始工作，磨削作业时，应使砂轮片与工作面保持15°～30°角度的倾斜位置；切削作业时，砂轮不得倾斜，并不得横向摆动。注意切割方向不能对着人；切割时不得正对砂轮，应站在侧面，佩戴护目镜以防砂轮片破碎飞出伤人（图1-38）。

图1-38　手提角磨机

（7）金刚擦

应用范围：适用于瓷砖和自然石材切割边缘的打磨（图1-39）。

图1-39　金刚擦

5. 瓷砖铺贴施工工具

（1）齿形抹刀

应用范围：用于瓷砖薄贴法施工时瓷砖胶的梳理（图1-40）。

图1-40　齿形抹刀——虹大师

(2)托灰板

应用范围:用于抹灰、批刮时临时托放砂浆(图1-41)。

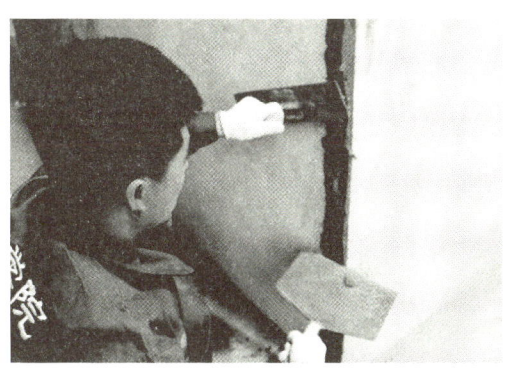

图1-41 托灰板

(3)瓷砖找平器

应用范围:用于瓷砖间缝隙大小的控制及瓷砖铺贴面平整度的调节(图1-42)。

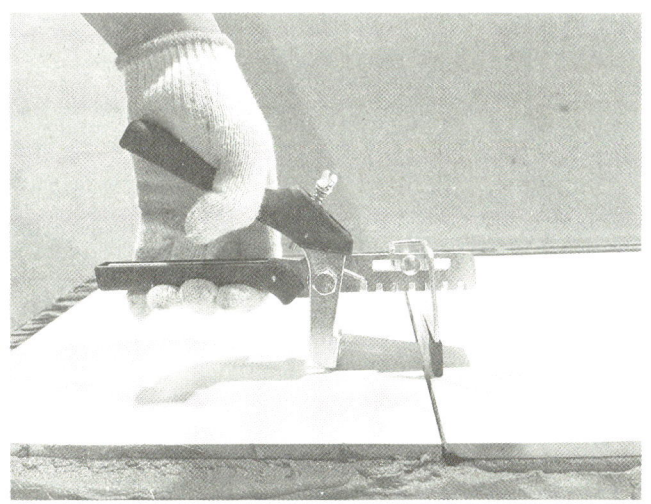

图1-42 瓷砖找平器——虹大师

（4）电动搅拌棒

应用范围：用于瓷砖胶配制时的搅拌（图1-43）。

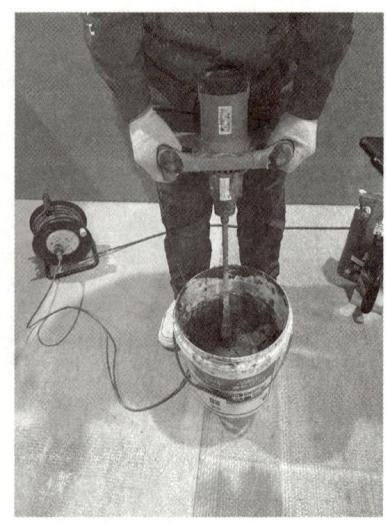

图1-43　电动搅拌棒

（5）吸盘

应用范围：用于玻璃幕墙、大尺寸瓷砖的搬运，也可用于中小型瓷砖的辅助铺贴（图1-44）。

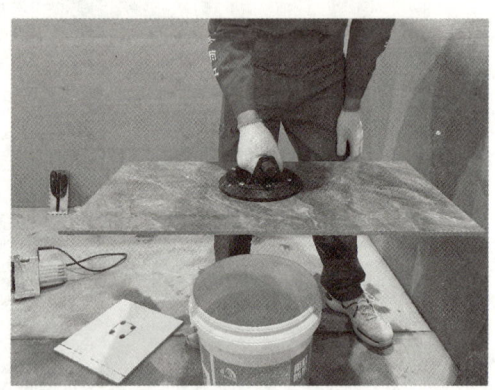

图1-44　吸盘

（6）垫高器

应用范围：在瓷砖铺贴中对底部瓷砖起支撑和调节高度的作用（图1-45）。

（7）震平器

应用范围：主要用于铺贴时震实瓷砖，避免空鼓。根据铺贴瓷砖大小，调节震平器的震动功率，震实瓷砖，排出粘结材料与基层间的空气（图1-46）。

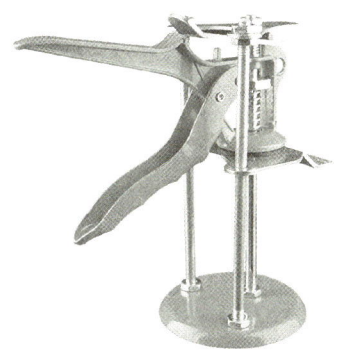 

图1-45 垫高器

 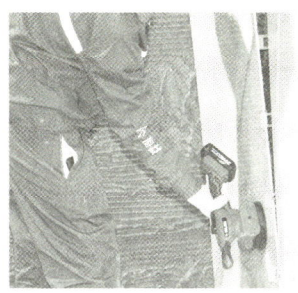

图1-46 震平器

（8）橡胶槌

应用范围：主要应用于铺贴时震实瓷砖，调整平整度，避免空鼓，同时可用于拆除调平器（图1-47）。

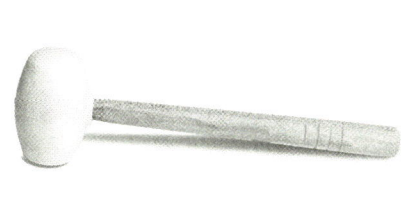 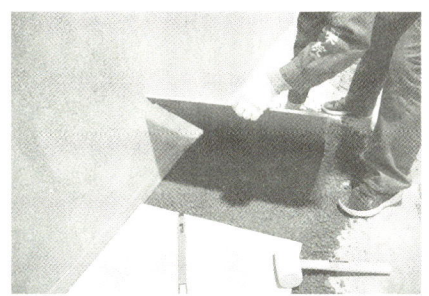

图1-47 橡胶槌

6. 大板专用施工工具

（1）抬板器及配套

应用范围：主要应用于大板瓷砖铺贴时的搬运、上墙，组装拆卸方便，可加长或缩短（图1-48）。

图 1-48 抬板器及配套

（2）操作台

应用范围：主要用于大板切割、划线等预处理，避免大板因摆放不平整导致断裂、划伤（图 1-49）。

图 1-49 操作台

(3) 拉近器

应用范围：主要用于大板铺贴后，调节相邻板块间的缝隙大小（图1-50）。

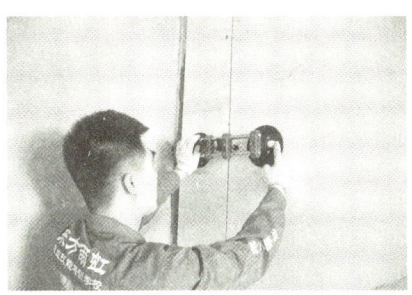

图1-50　拉近器

(4) 大板震平器

应用范围：主要用于大板铺贴时震实瓷砖，避免空鼓。

使用方法：根据铺贴的瓷砖大小，调节大板震平器的震动功率，震实瓷砖胶，排出粘结材料与基层间的空气（图1-51）。

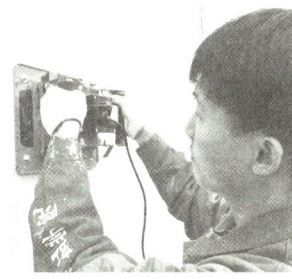

图1-51　大板震平器

扫码学习
震平器使用

(5) 大板齿形抹刀

应用范围：用于大尺寸瓷砖薄贴法施工时的瓷砖胶梳理，以此控制瓷砖胶的厚度，保证瓷砖胶粘贴的饱满度及铺贴的平整度（图1-52）。

图1-52　大板齿形抹刀

7. 瓷砖填缝工具

(1) 清缝刀

应用范围：清理瓷砖缝隙里面的杂物，如瓷砖铺贴时的十字卡、瓷砖胶或水泥砂浆颗粒，达到一定的缝隙深度，防止在后续打胶过程造成打胶不平整、虚粘（图1-53）。

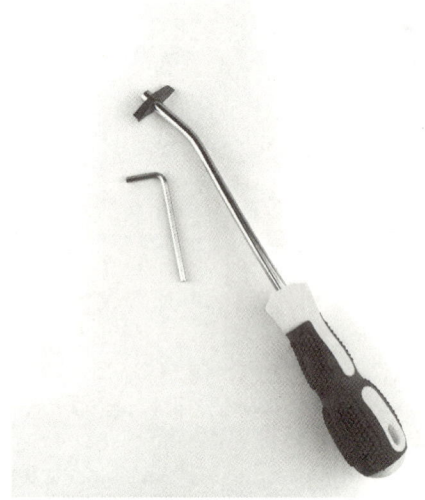 

图1-53 清缝刀

(2) 海绵软刮刀

应用范围：用于填缝剂填缝施工。

使用方法：按对角线方向或以环形转动方式将填缝剂填满缝隙。尽可能不在瓷砖面上残留过多的填缝剂（图1-54）。

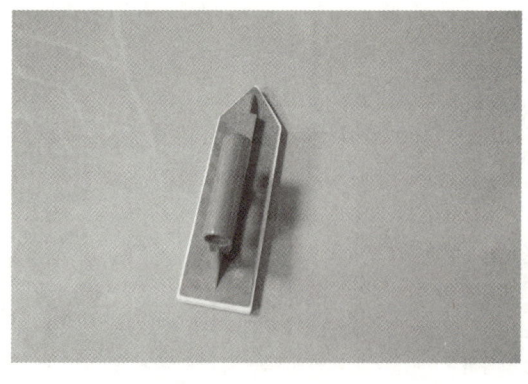 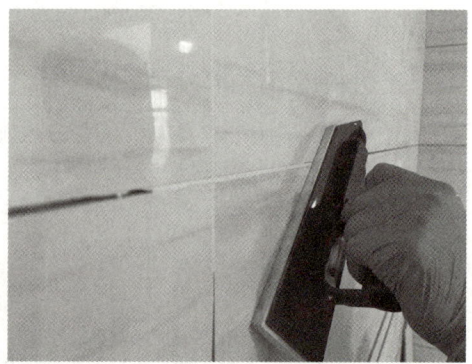

图1-54 海绵软刮刀

(3) 海绵擦

应用范围：用于填缝后瓷砖表面的清洁（图1-55）。

图 1-55　海绵擦

8. 美缝施工工具

（1）清缝刀

应用范围：用于清理瓷砖缝隙里面的杂物，如瓷砖铺贴时的十字卡、瓷砖胶或水泥颗粒，达到一定的缝隙深度，防止在后续打胶过程造成打胶不平整、虚粘（图 1-56）。

图 1-56　清缝刀

（2）吸尘器

应用范围：用于施工前，瓷砖表面及缝隙内部的深层清理（图 1-57）。

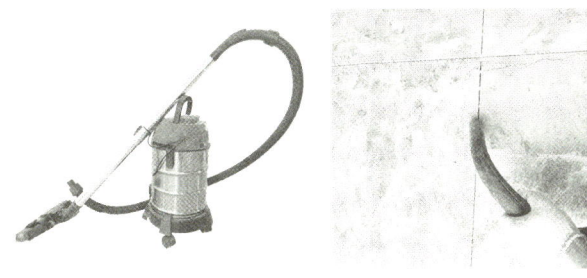

图 1-57　吸尘器

(3) 美缝剂加热包

应用范围：用于在冬季施工时，加热美缝剂。

使用方法：将美缝剂放入加热包内部，使用热风枪将加热包内部调至 30～50℃，保温 10～20 分钟即可（图 1-58）。

图 1-58　美缝剂加热包

(4) 美纹纸/美缝蜡

应用范围：用于保护瓷砖在美缝剂施工过程中不受污染、使之表面干净整洁。

使用方法：美纹纸要在缝隙两侧粘贴，两侧切割整齐、无毛边，美纹纸边缘应与缝隙边缘处于同一水平线，且粘结宽度不小于 2cm，保证粘结牢靠。打蜡时注意采用两侧擦蜡的方式进行施工，避免缝隙中有蜡进入导致后期出现美缝剂脱层的现象（图 1-59）。

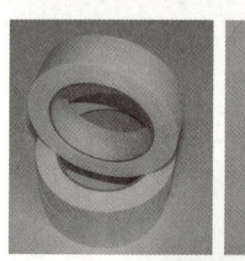 

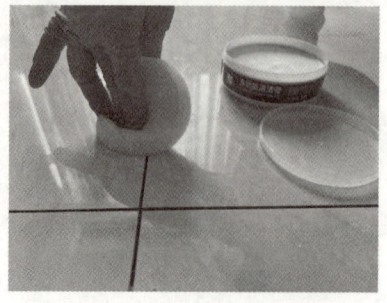

图 1-59　美纹纸/美缝蜡

(5) 胶枪

应用范围：用于美缝打胶施工。

使用方法：施工时混合棒尽可能与瓷砖面呈 45°角以便美缝剂能填满缝隙，缓缓用力将料均匀挤压于瓷砖缝隙中，并掌握好力度和速度，均匀向后移动胶枪，确保瓷砖缝隙填充均匀饱满（图 1-60）。

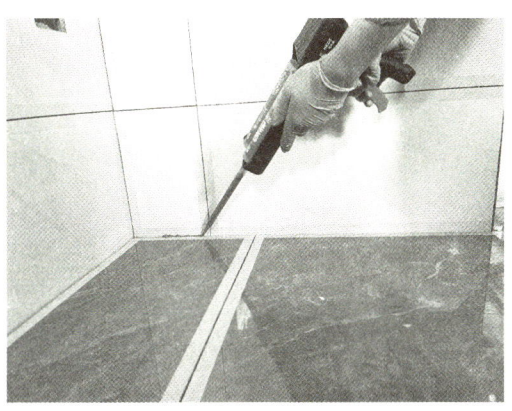

图 1-60　胶枪——虹大师

(6) 压缝器

应用范围：用于打胶完成后的美缝压缝施工。

使用方法：手柄与瓷砖表面呈 45°角，匀速拉动，等压缝器拉到所需位置后，将手柄角度拉高快速提起，减小压缝器起手处接头凹陷度（图 1-61）。

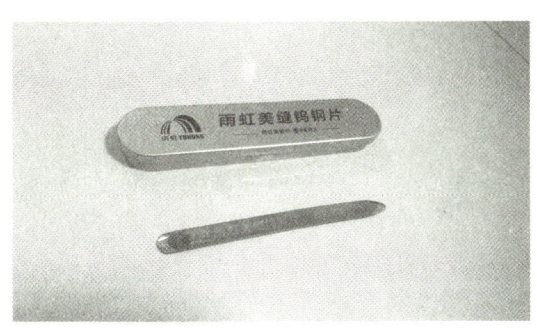
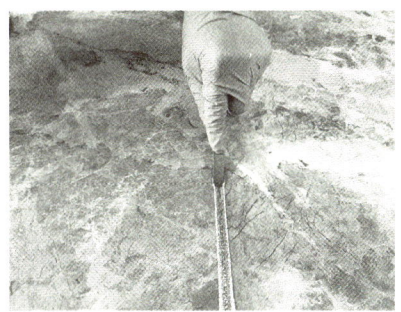

图 1-61　压缝器

(7) 清洁铲刀

应用范围：用于打胶前，清理瓷砖表面附着物及浮灰、油污，以及美缝剂固化之后，铲除瓷砖表面多余的美缝剂。

使用方法：刀刃与瓷砖面呈 30°～45°角，轻轻铲除附着物或硬化后的美缝剂（图 1-62）。

瓷砖铺贴技术施工工艺图解

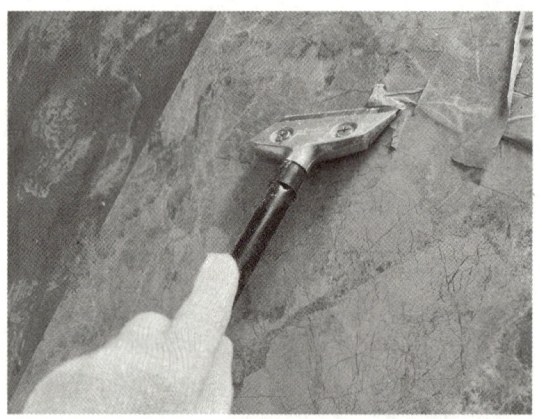

图 1-62　清洁铲刀

检查与评价

一、任务单

1. 判断（正确的打"√"，错误的打"×"）。

序号	命题	正确性
1	瓷砖胶，也称胶粘剂、粘结剂等，是在传统水泥砂浆的基础上加入了特殊添加剂，用以调整凝结时间、提高粘结力和保水性、提高抗滑移能力、抵消水泥收缩等。	
2	瓷砖胶搅拌均匀后，要静置半小时后，再次搅拌才可以使用。	
3	填缝剂一般适用于表面不平整，不宜清洗的瓷砖（如劈开砖、砂岩等）。	
4	瓷砖的吸水率越高，其砖体越致密、机械强度越高，更耐磨、耐污染、抗冻融。	
5	瓷砖具有凸纹和曲线边角时，铺贴瓷砖需要控制砖缝较宽。	
6	椰壳马赛克、实木马赛克、船木马赛克不属于瓷砖中马赛克品种。	
7	瓷砖填缝必须在瓷砖铺贴 24 小时后进行。	
8	若瓷砖为仿古砖，美缝前需要打蜡或粘贴美纹纸。	
9	对于吸水率小于 6% 的瓷砖，必须选用 C1 以上级别的瓷砖胶。	
10	铺贴不同尺寸的瓷砖时，可以使用同一尺寸的齿形抹刀。	

2. 单选

序号	命题	在正确的选项内打"√"			
		A	B	C	D
1	瓷砖背面的白色物质是什么？	氧化铝粉末	粉尘	脱模剂	熟石灰
2	当瓷砖缝隙为2mm时，一支400mL的美缝剂可以施工多少米？	10m	20m	27m	48m
3	美缝剂施工时，混合管与瓷砖面的最佳夹角是（　）。	45°	90°	30°	60°
4	美缝施工时，什么材质的瓷砖可以不用粘贴美纹纸或者涂抹美缝蜡？	都可以不需要	表面粗糙马赛克	表面粗糙仿古装	表面光滑
5	使用齿形抹刀拉槽时，抹刀与基面成（　）角。	10°~30°	45°~60°	60°~90°	30°~45°
6	清理瓷砖缝隙时会用到以下哪个工具？	压缝棒	清缝刀	清洁铲刀	阴角压缝器
7	陶质砖指吸水率（　）的砖。	大于3%	大于10%	大于6%	大于0.5%
8	根据JC/T 547—2017标准要求，陶瓷砖胶粘剂的产品按以下（　）顺序进行标记。	标准号、产品分类和代号	产品分类和代号、标准号	标准号、产品分类和性能	产品分类和性能、标准号
9	在轻体砖基层铺贴瓷砖时，一般需先（　）。	加固剂处理	直接抹灰	挂网拉毛后抹灰	直接铺贴
10	瓷砖铺贴后需要养护几天，才可进行美缝施工？	1天	2天	3天	7天

3. 简答

序号	命题	简答
1	瓷砖填缝剂施工注意事项有哪些？	
2	瓷砖铺贴时为什么必须留缝？	
3	瓷砖表面的铁锈陈渍如何清理？	

二、分析评价

序号	评价指标	具体内容	分值	自评	教师评价
1	学习态度	能够自主学习，有强烈的求知欲、好奇心，积极参与项目活动；能够积极主动发现、提出并解决问题；能够积极参与小组讨论、承担小组任务。	10		

续表

序号	评价指标	具体内容	分值	自评	教师评价
2	学习成果	能够按时、按计划完成学习任务； 能够掌握主材（瓷砖）的分类； 能够掌握辅材的种类及用途； 能够掌握瓷砖铺贴施工工具及其用途。	20		
3	应用拓展	能够将项目成果学以致用，在真正使用的过程中进一步深化学习项目； 能够综合运用及掌握计算机、多媒体、摄影等现代技术解决问题； 具备创新意识，能够提出个性化观点。	10		
4	思政课堂	具备基本的语言表达和书面表达能力，能够清晰提出自己的观点； 遵守课堂纪律，自觉维护整理教学器材及用具； 具备环保意识，有节约用电、用水、用纸意识； 具备合作意识，乐于贡献有效信息、共享资源。	10		
5	合计	100分（包含自评50分和教师评价50分）			

三、参考答案

1. 判断

序号	1	2	3	4	5	6	7	8	9	10
答案	√	×	×	×	√	×	√	√	√	×

2. 选择

序号	1	2	3	4	5	6	7	8	9	10
答案	C	C	A	D	B	B	B	A	C	D

3. 简答

序号	命题	简答
1	瓷砖填缝剂施工注意事项有哪些？	（1）填缝宜采用满批法施工，先水平后垂直，纵横交叉处要过渡自然，凹缝勾缝深度宜为2～3mm； （2）待填缝剂表干或初凝后，应对瓷砖表面进行清理，用润湿的布及时清洗干净，待砖面表干再用干净的软布分别擦净砖面。清理后的砖缝应连续、平直、光滑、无裂纹、无空鼓、深浅一致、平整哑光； （3）填缝后应进行成品保护，避免交叉作业和污染。

续表

序号	命题	简答
2	瓷砖铺贴时为什么需要留缝？	（1）留缝铺贴可以节约瓷砖，当接缝为1～3mm时大约省材3%； （2）留缝铺贴便于根据实铺面积大小随机调整间距，使边角部位尽可能使用瓷砖，这样做既美观又可节省裁砖的时间与人工； （3）用不同颜色、图案的瓷砖做大面积拼花铺贴时，留缝铺贴可以使花色更接近自然，更醒目； （4）留缝铺贴，可以有效释放瓷砖铺贴后产生的收缩应力，避免空鼓。
3	瓷砖表面的铁锈陈渍如何清理？	可用10%的草酸、柠檬酸加水的混合液体将铁锈处浸湿，然后用浓盐水再擦一遍。

模块二 360°瓷砖铺贴系统解决方案

学习目标

- 能够掌握不同场景下瓷砖的选择；
- 能够进行瓷砖铺贴实地勘察及技术交底；
- 能够掌握瓷砖铺贴施工工具及其用途；
- 能够掌握瓷砖铺贴施工工艺流程；
- 能够指导瓷砖铺贴施工及质量验收、常见质量问题处理；
- 通过瓷砖铺贴系统学习，提升学习者敬业、精益、专注、创新的工匠精神、职业精神，提高自身本领。

思维导图

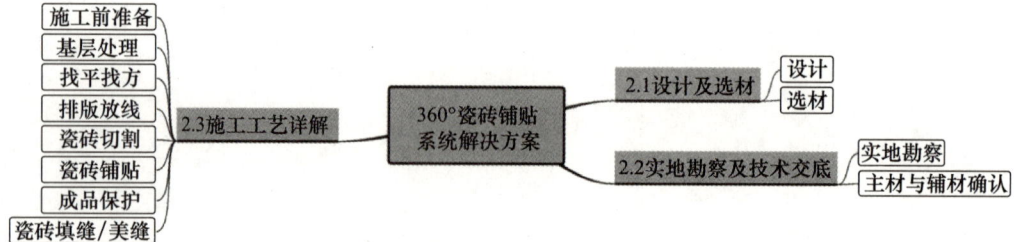

2.1 设计及选材

2.1.1 设计

1. 混凝土基层瓷砖铺贴系统设计构造

构造层次：钢筋混凝土结构基层、界面砂浆拉毛层、砂浆挂网找平层、瓷砖粘结剂粘结层、面砖，如图 2-1 所示。

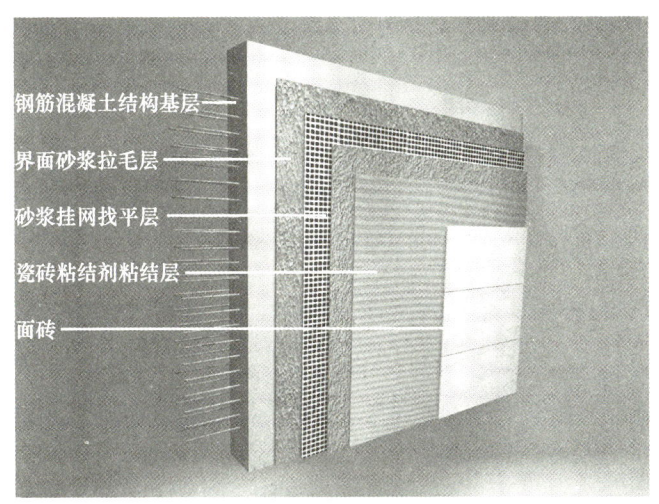

图 2-1 混凝土基层系统设计 3D 构造图

2. 砂浆基层瓷砖铺贴系统设计构造

构造层次：结构基层、水泥砂浆或聚合物砂浆、砂浆找平层、瓷砖粘结剂粘结层、面砖，如图 2-2 所示。

3. 轻体砌块基层瓷砖铺贴系统设计构造

构造层次：砌块基层、界面砂浆抹灰层、砂浆挂网找平层、瓷砖粘结剂粘结层、面砖，如图 2-3 所示。

4. 刚性防水基层瓷砖铺贴系统设计构造

构造层次：结构基层、水泥砂浆或聚合物砂浆抹灰层、刚性防水层、砂浆找平层、瓷砖粘结剂粘结层、面砖，如图 2-4 所示。

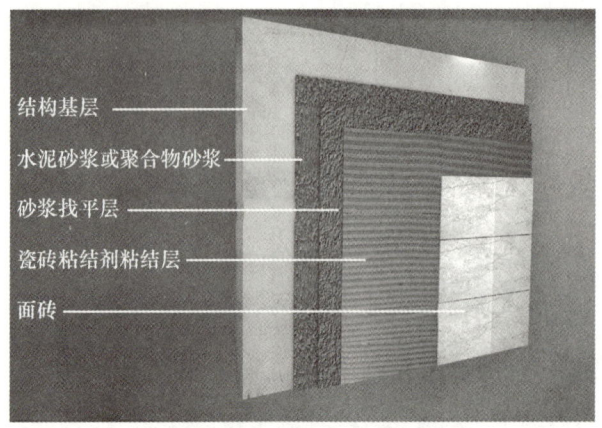

图 2-2　砂浆基层系统设计 3D 构造图

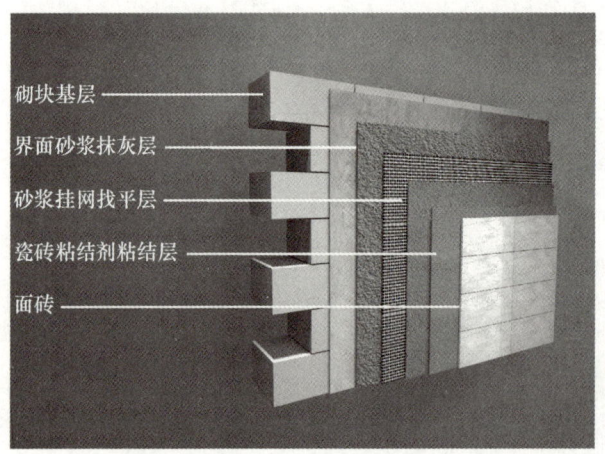

图 2-3　轻体砌块基层系统设计 3D 构造图

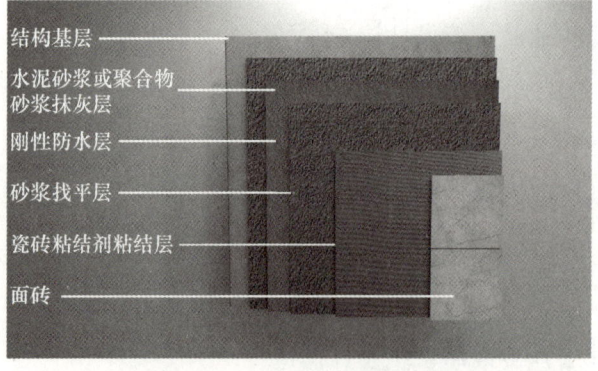

图 2-4　刚性防水基层系统设计 3D 构造图

5. 柔性防水基层瓷砖铺贴系统设计构造

构造层次：结构基层、水泥砂浆或聚合物砂浆抹灰层、柔性防水层、界面砂浆拉毛层、砂浆找平层、瓷砖粘结剂粘结层、面砖，如图2-5所示。

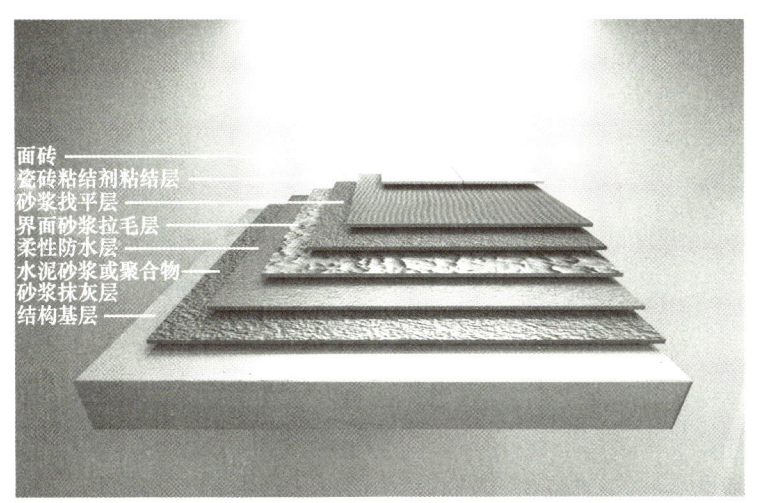

图2-5　柔性防水基层系统设计3D构造图

6. 旧瓷砖基层翻新系统设计构造

构造层次1：结构基层、砂浆抹灰及找平层、原始水泥粘结层、旧房面砖、界面砂浆过渡层、C1瓷砖粘结剂粘结层、面砖，如图2-6（a）所示；

构造层次2：结构基层、砂浆抹灰及找平层、原始水泥粘结层、旧房面砖、C2FS1瓷砖粘结剂粘结层、面砖，如图2-6（b）所示。

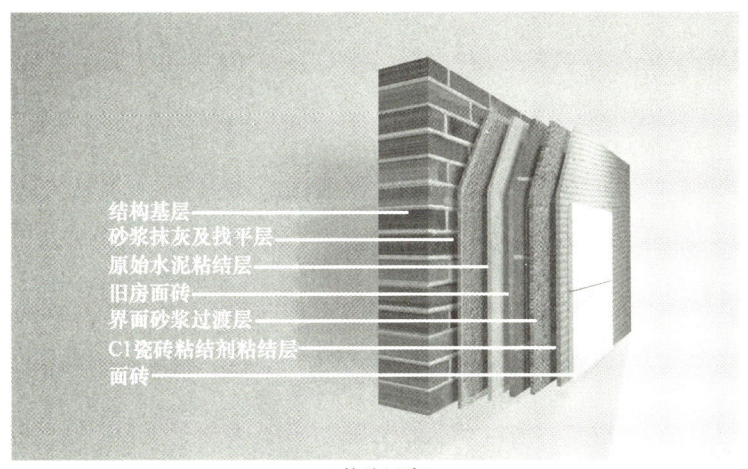

(a) 构造层次1

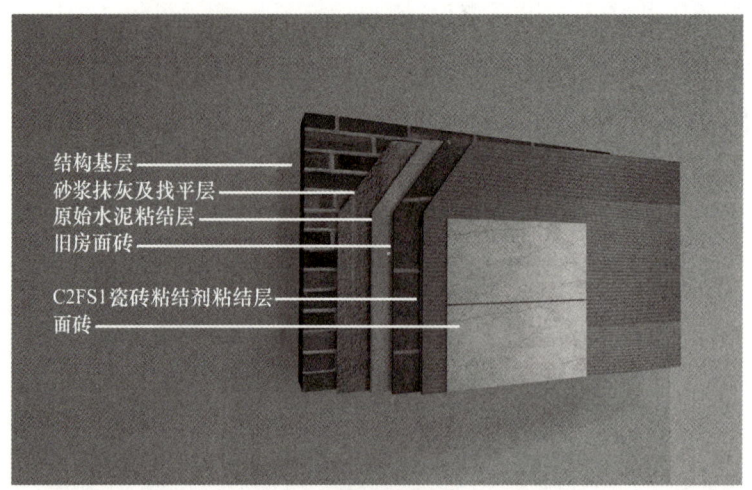

(b) 构造层次2

图 2-6　旧瓷砖基层翻新系统设计 3D 构造图

7. 轻体隔板基层瓷砖铺贴系统设计构造

构造层次：主体轻钢结构、轻体隔板结构基层、结构胶层、面砖，如图 2-7 所示。

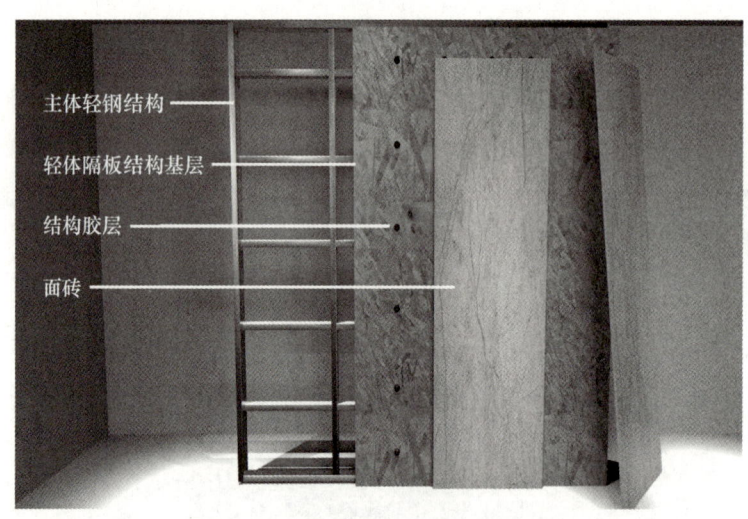

图 2-7　轻体隔板基层系统设计 3D 构造图

2.1.2　选材

依据基层类型对胶粘剂的选材要求见表 2-1。

表 2-1 依据基层类型对胶粘剂的选材要求

使用场景	基层类型	类型细分	对应胶粘剂代号
混凝土结构	混凝土基基层	—	C1
	砂浆抹灰基层	—	C1
	柔性防水基层	水性防水涂料	C1
		油性防水涂料	界面剂拉毛＋C1
	旧瓷砖基层	—	C2ES1
	木工板	—	C2ES1
	刨花板	—	C2ES2
	胶合板	—	C2ES2
骨架结构	石膏板	—	C2ES2
	水泥板	—	C2ES2
	刨花板	—	C2ES2
	胶合板	—	C2ES2

360°瓷砖铺贴系统选材要求见表 2-2。

表 2-2 360 瓷砖铺贴系统选材要求

使用场景	瓷砖类型	瓷砖类型细分	吸水率	面积	对应胶粘剂代号
建筑室内	（高吸水）瓷片	陶质砖	$E>10\%$	—	C1
		炻瓷砖	$6\%<E\leqslant10\%$	—	C1
	（中吸水）半玻	细炻砖	$3\%<E\leqslant6\%$	—	C1
		炻质砖	$0.5\%<E\leqslant3\%$	面积≤300mm×600mm	C1
				300mm×600mm<面积≤600mm×600mm	C1＋背胶 或 C2
	（低吸水）全玻	瓷质砖	$E\leqslant0.5\%$	面积≤300mm×600mm	C1＋背胶 或 C2
				300mm×600mm<面积≤800mm×800mm	C2
				800mm×800mm<面积≤600mm×1200mm	C2＋背胶
				600mm×1200mm<面积≤800mm×1600mm	C2ES1
	陶瓷大板	—	$E\leqslant0.5\%$	800mm×1600mm<面积≤1200mm×2400mm	C2ES1
				1200mm×2400mm<面积≤1800mm×3600mm	C2ES2

续表

使用场景	瓷砖类型	瓷砖类型细分	吸水率	面积	对应胶粘剂代号
建筑室内	石材	—	—	面积≤800mm×800mm	C1（白色）
				面积＞800mm×800mm	环氧干挂结构胶
建筑室外	（高吸水）瓷片	陶质砖	$E>10\%$	面积≤300mm×300mm	C1
		炻瓷砖	$6\%<E\leqslant10\%$	面积≤300mm×300mm	C1
	（中吸水）半玻	细炻砖	$3\%<E\leqslant6\%$	面积≤300mm×300mm	C2
		炻质砖	$0.5\%<E\leqslant3\%$	面积≤100mm×200mm	C2
	（低吸水）全玻	瓷质砖	$E\leqslant0.5\%$	面积≤100mm×200mm	C2T
	陶瓷大板	—	$E\leqslant0.5\%$	800mm×1600mm＜面积≤1200mm×2400mm	C2ES2
				1200mm×2400mm＜面积≤1800mm×3600mm	C2ES2+挂件
	石材	—	—	—	环氧干挂结构胶

2.2 实地勘察及技术交底

实地勘察及技术交底是施工前的重要准备工作，施工人员需与设计师或甲方沟通，通过图纸分析、实地测量等方式对施工现场的情况进行判断。

2.2.1 实地勘察

1. 室内平面图范例（图 2-8）

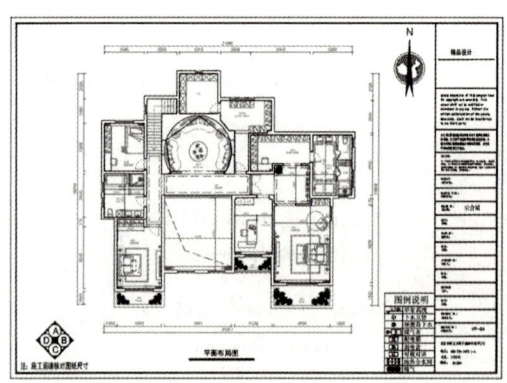
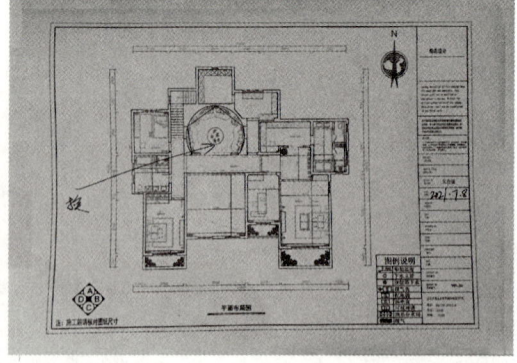

图 2-8 室内平面图范例

2. 实地勘察主要内容（表 2-3）

表 2-3 实地勘察主要内容一览表

实地勘察项目	实地勘察主要内容
主体结构	确认主体结构改动是否完成
门窗框	检查门窗框的垂直度、平整度
测量施工面积	测量施工面积，注意需交接、确认订制橱柜等用品的尺寸
预留孔洞	确认淋浴龙头、开关线盒是否存在高低差；确认马桶管道孔距
基层检查	确保基层稳定坚固、垂直平整，基面不应有浮尘、漆蜡、油脂、松散残留物等任何有可能降低粘结性的附着物。如不符合以上要求，需视具体情况，考虑拆除翻修或涂刷界面剂、挂网加固。若垂直平整度误差大，需计算并准备找平用材料
隐蔽工程留底	确认水、电线槽走向，拍照留底；浴缸检修口位置拍照留底；厨卫下水管道的检修口位置拍照留底；需要涂刷防水的部位已按要求涂刷，且已通过闭水试验；确认是否安装地暖设备，如安装需注意铺贴材料的选用，以及施工过程中的保护
施工环境检查	施工现场自然光线较差的空间，应准备足够的照明，通风较差的应增设通风设备

2.2.2 主材与辅材确认

主材与辅材确认见表 2-4。

表 2-4 主材与辅材确认一览表

确认项目	确认内容
主材	确认现场瓷砖花色、尺寸、数量与设计方案是否一致，计算方法为： ①瓷砖的用量（片）＝（铺贴面积/每块瓷砖面积）×（1＋3％）（注：3％为损耗量）； ②腰线的用量（片）＝腰线总长/单片腰线长度
辅材	经过实地测量明确铺贴材料及其他辅材的种类、型号及用量，其中瓷砖胶用量的计算方法为： 瓷砖胶用量（kg）＝瓷砖胶的施工厚度×铺贴面积×1.7 根据瓷砖的尺寸和基面的平整度确定所需的胶层厚度和适用的齿形抹刀： ①边长≤50mm 的（马赛克）瓷砖，齿形抹刀为 4mm×4mm，胶层厚度约为 2mm； ②50mm≤最大边长≤150mm 的瓷砖，齿形抹刀为 6mm×6mm，胶层厚度约为 3mm； ③150mm≤最大边长≤300mm 的瓷砖，齿形抹刀为 8mm×8mm，胶层厚度约为 4mm； ④300mm≤最大边长≤600mm 的瓷砖，齿形抹刀为 10mm×10mm，胶层厚度约为 5mm； ⑤最大边长≥600mm 的瓷砖，齿形抹刀为 10mm×10mm，胶层厚度约为 8mm。 瓷砖胶根据产品说明书进行配制。 找平找方水泥砂浆用量（kg）＝找平层厚度×墙或地面面积

2.3 施工工艺详解

瓷砖铺贴施工流程如图 2-9 所示。

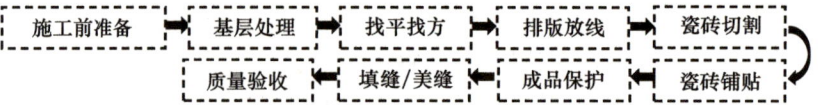

图 2-9　瓷砖铺贴施工流程图

2.3.1 施工前准备

1. 材料准备及摆放（图 2-10）

图 2-10　材料准备及摆放

2. 施工工具准备及安全防护器具（图 2-11 和图 2-12）

　　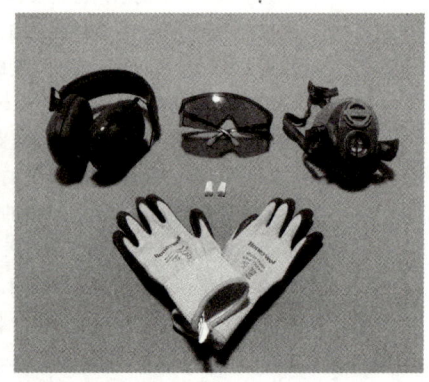

图 2-11　施工工具　　　　　　　　　　图 2-12　安全防护器具

2.3.2 基层处理

1. 基层检查

基层处理前需先进行基层检查,基层处理一般可分为大面处理和节点处理,并根据基层类型的不同,采用不同的处理工艺。

(1) 使用空鼓锤检查基层是否空鼓。若存在空鼓,需使用电锤敲掉空鼓部位,再使用聚合物水泥砂浆对空鼓部位修补抹平。

(2) 使用油灰刀检查基层是否疏松、起砂、起灰。若疏松且起砂、起灰严重,需使用清洁铲刀铲除表面浮灰、浮砂至坚固基层;一般性的起砂、起灰需使用加固剂进行套胶加固处理。

(3) 使用清洁铲刀铲除基层的突出物、颗粒以及油污等。

2. 大面处理

(1) 加固剂加固处理,如图 2-13 所示。

图 2-13 加固剂加固处理

针对一般性起砂、起灰的抹灰层按以下步骤进行处理:

①开桶搅拌加固剂,防止沉降导致材料混合不均匀;

②按照推荐加水量加水混合,并使用电动搅拌器搅拌均匀;

③使用毛刷或滚筒将加固剂均匀涂布于基层;

④干燥后检查基层强度,加固效果或强度不足时,需进行二次加固。

(2) 加固剂加固处理+挂网处理

针对加气混凝土砌块(轻体砖),先涂刷加固剂,等待 8~12 小时后用找平砂浆配合钢丝网/网格布进行找平处理。48小时后进行瓷砖铺贴施工，期间需对找平层进行养护，如图2-14所示。

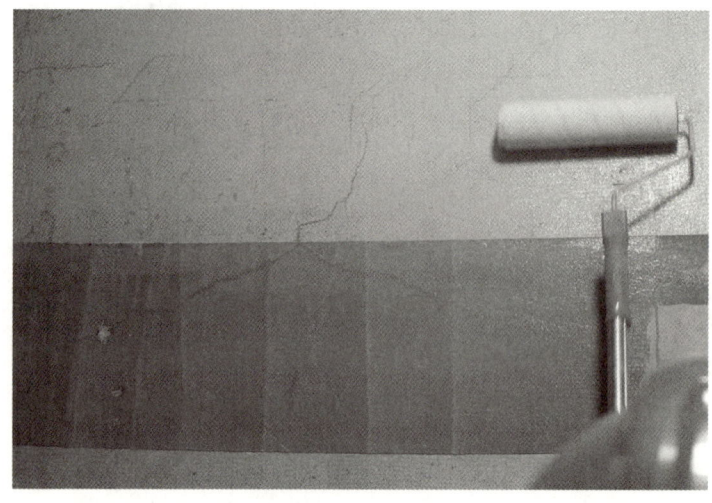

图2-14 加固剂加固处理＋挂网处理

（3）拉毛增糙处理

针对混凝土（注：铝模板免抹灰混凝土除外，该类型墙体需根据脱模剂类型，对墙面进行特殊处理）及柔性防水涂层墙体，按照加固剂∶水泥＝1∶（2～2.5）（质量比）进行配比，用电动搅拌器搅拌均匀后（水泥建议选择P·O 42.5普通硅酸盐水泥），使用拉毛滚筒蘸取浆料，在基层上滚涂1～2遍并带出毛刺，厚度约2mm；待完全硬化后，方可进入下一道工序，如图2-15所示。

图2-15 拉毛增糙处理

3. 节点处理

先将孔洞、箱、槽、盒周边杂物清除干净，再用堵漏材料把管线凹槽、线盒周边、管线周边、孔洞填补密实、平整、光滑。孔洞、箱、槽、盒外口应略低于抹灰面，如图 2-16 所示。

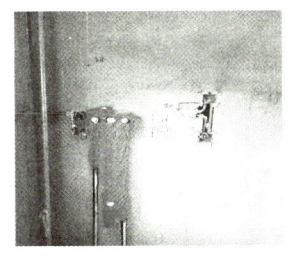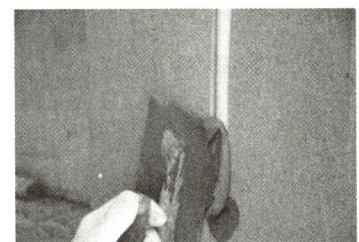

图 2-16　节点处理

2.3.3　找平找方

1. 做灰饼

（1）量尺寸，如图 2-17 所示。

使用激光仪和靠尺（刮杠）检查基面平整度和垂直度误差，并做记录。根据误差范围计算所要找平抹灰的厚度，并调整激光仪或拉线做找平层厚度标线。

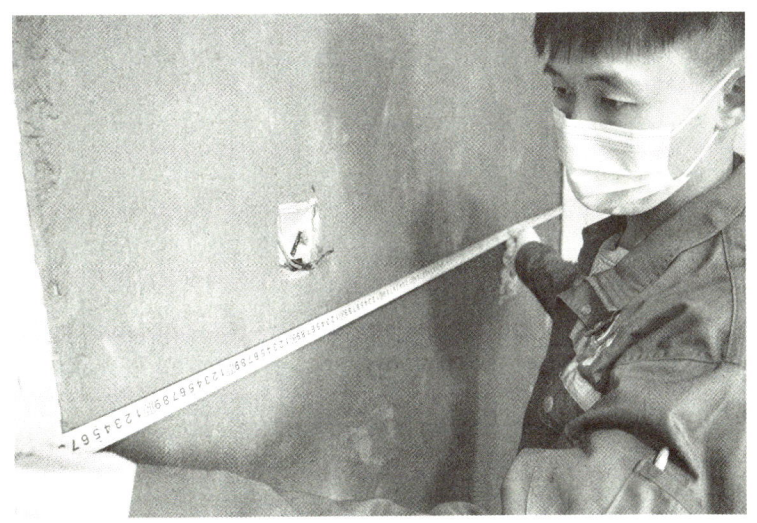

图 2-17　量尺寸

（2）抹方形灰饼。

根据测量出的误差，调整灰饼厚度。在距顶棚 15～20cm 处和墙的两端距阴阳角

15～20cm处，分别按已确定的抹灰厚度做一块边长5cm的正方形灰饼，如图2-18所示。

用靠尺检查垂直度与平整度，并以这两块灰饼为基准拉好准线，在两块平行灰饼间每隔150cm左右再做一块灰饼（图2-19）。

图2-18 正方形灰饼

图2-19 在平行线上做一块灰饼

再以上部灰饼为基准，用线锤在同一条垂直线上做下部相对应的灰饼，下部灰饼应尽量接近墙地面交接处（图2-20、图2-21）。

图2-20 在垂直线上做下部灰饼

图2-21 下部灰饼尽量接近地面交接处

2. 冲筋

当灰饼硬化后，使用与找平层材质相同的找平砂浆进行冲筋处理（图2-22）。当找平厚度高于7mm，需进行分层施工。冲筋线宽度为8cm左右，压实搓平后厚度与灰饼相同。

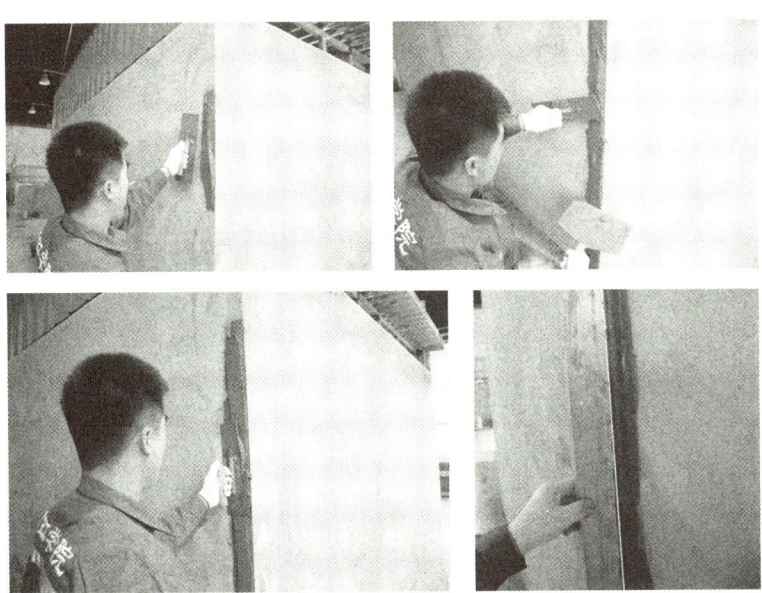

图 2-22 冲筋处理

3. 大面找平

冲筋处理2小时后,待冲筋线收水硬化后,先抹一层薄灰,压实、覆盖整个基层,待前一层六七成干燥时,再进行二次找平。找平砂浆应分层铺设,每遍厚度宜为5~7mm。当抹灰总厚度超出35mm时,应在找平层的分层间加铺防锈钢丝网或耐碱玻纤网格布增强。加铺的防锈钢丝网一般需要用机械的方法将其锚固在基面上。后续的找平应待前一层充分凝结后再施工。

(1)找平处理,如图 2-23 所示。

图 2-23 找平处理

(2)底、中层找平,如图 2-24 所示。

将砂浆抹于墙面两标筋之间,底层低于标筋,待收水后再进行中层抹灰,其厚度以垫平标筋为准,并使其略高于标筋。

图 2-24　装挡用于底、中层找平

(3)面层找平,如图 2-25 所示。

面层找平俗称罩面,面层找平宜在底、中层找平砂浆五六成干燥后进行,太湿会影响找平层的平整度,还可能会出现咬色(干燥后存在色差);底层砂浆太干,则易使面层脱水太快而影响粘结,造成面层空鼓。若底层较干,须洒水湿润后再进行抹灰。

操作时,一般先用铁抹子抹平,再用靠尺由下向上刮平,最后用塑料抹子搓平,达到平整度的设计要求。

 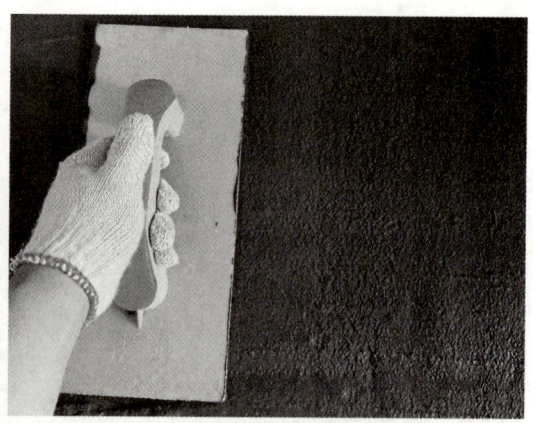

图 2-25　面层找平

（4）养护，如图 2-26 所示。

抹灰砂浆施工完成后 12 小时，开始喷水养护，并在整个养护期内一直保持砂浆层的表面润湿。

图 2-26　养护

4. 质量验收

养护后，使用空鼓锤检查找平层与基层间的粘结效果，如有空鼓、开裂现象，应进行修补。质量验收、允许偏差和检验方法见表 2-5 和图 2-27。

表 2-5　建筑装饰装修工程质量验收标准

序号	项目	允许偏差（mm）	检验方法
1	立面垂直度	3	用 2m 垂直检查尺检查
2	表面平整度	3	用 2m 靠尺和塞尺检查
3	阴阳角方正	3	用直角检测尺检查
4	大面墙直线度	3	拉 5m 线，不足 5m 拉通线，用钢直尺检测

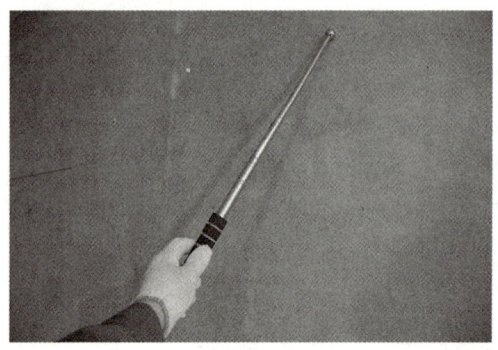

图 2-27　质量验收

2.3.4　排版放线

1. 标高

用激光水平仪打出全屋水平线，找到屋内最高点。

（1）确定水平起始位置，如图 2-28 所示。

（2）确定横竖向起始位置，如图 2-29 所示。

图 2-28　确定水平起始位置

图 2-29　确定横竖向起始位置

（3）确定窗户和门口的高度，如图 2-30 所示。

以窗台为基准，遇到门、窗时，应以窗台面为起始部位，进行瓷砖排版。

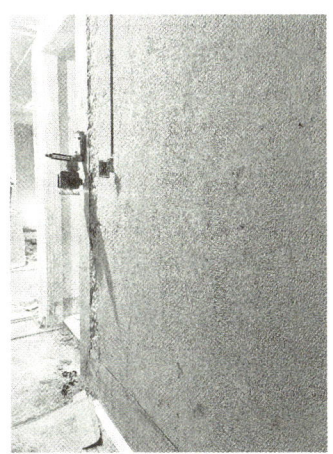

图 2-30　窗户、门口高度

2. 预排

依据设计图纸，并结合现场实际情况，进行铺贴前的瓷砖预排。

3. 排版要点及注意事项

同一基面不应出现一行、一列以上的非整砖。非整砖的切割尺寸不低于整砖的1/3；当非整砖切割低于整砖的 1/3 时，可选择两行非整砖铺贴。

非整砖列应排在次要部位，注意一致和对称。如遇有突出的线盒、管道等，应采用整砖套割吻合，不得用非整砖随意拼凑铺贴。

瓷砖铺贴时一般应该从铺设面中心开始，具体铺贴方式如图 2-31～图 2-34 所示；同时尽量减少切砖的数量，并将其安排在不显眼的位置（如阴角处）。

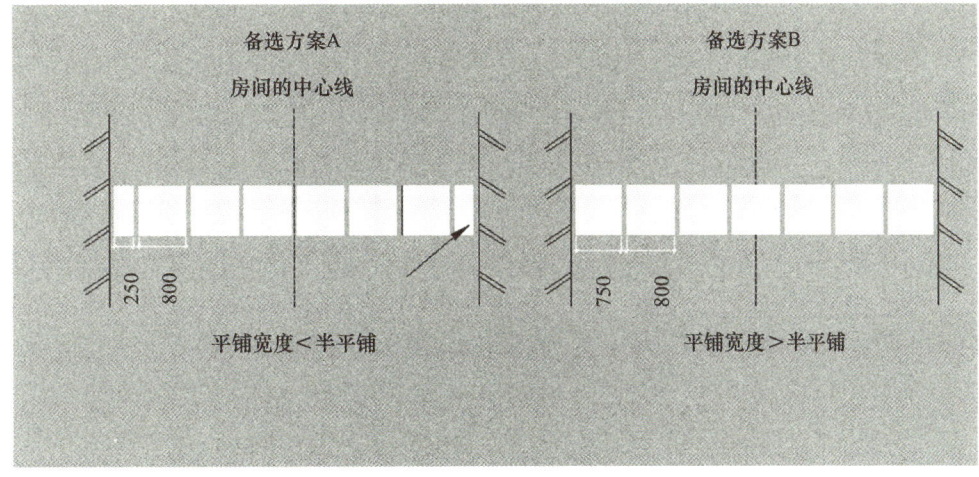

图 2-31　铺贴方式正确图

图 2-32　铺贴方式错误图

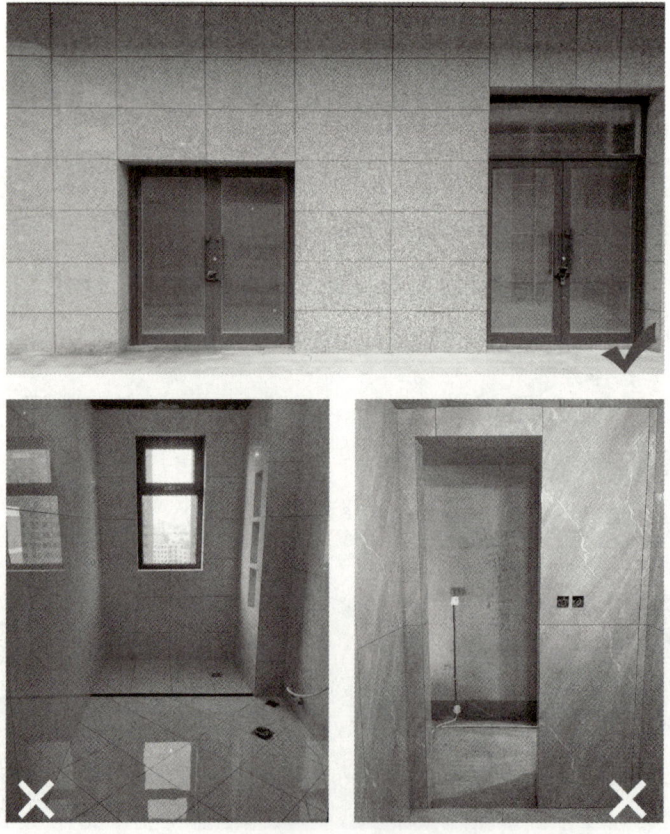

图 2-33　门窗部位排版正确错误图

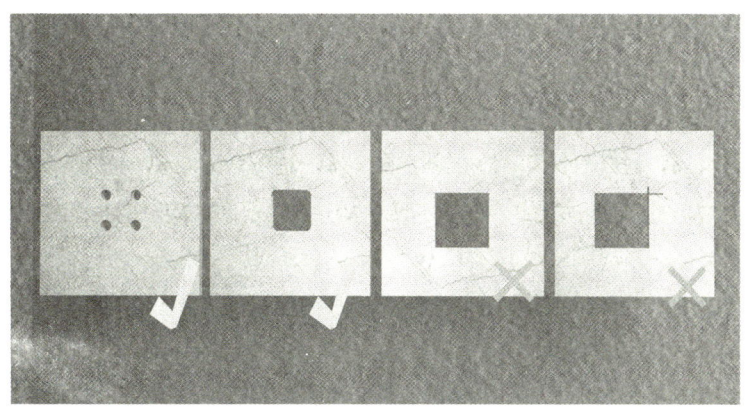

图 2-34　管道、线盒切割铺贴正确错误图

2.3.5 瓷砖切割

1. 常规尺寸瓷砖切割

（1）直边/异形切割

根据排版结果确定瓷砖切割位置。

①根据排版，确定切割位置，如图 2-35 所示。

②裁切测量，并标记切割线，如图 2-36 所示。

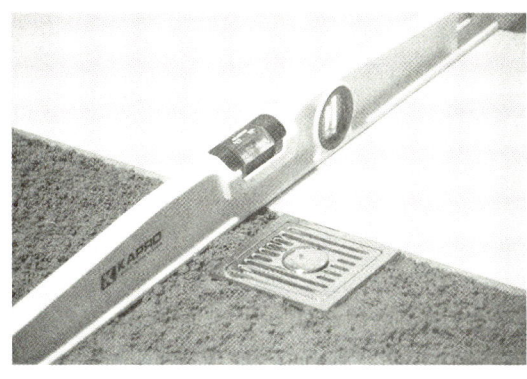
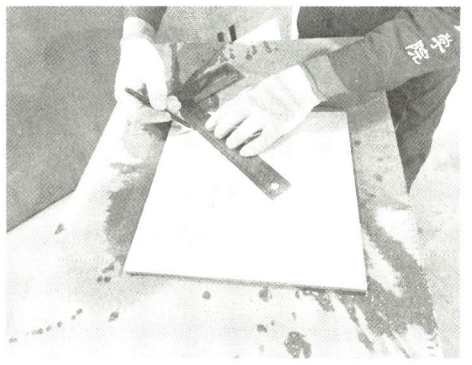

图 2-35　确定切割位置　　　　图 2-36　测量并标记切割线

③切割直边。若切割尺寸大于 3cm，建议选用推刀进行切割，如图 2-37 所示。
若切割尺寸小于 3cm，建议选用切割机，如图 2-38 所示。
若为异形切割，则使用切割机处理，如图 2-39 所示。

④使用金刚擦或角磨机进行打磨处理，如图 2-40 所示。

图 2-37　推刀切割

图 2-38　切割机切割

图 2-39　异形切割

图 2-40　打磨

（2）倒角

①调节瓷砖与倒角器成 45°角，使用对线器调节至 2～3mm 间距后固定，如图 2-41 所示。

②接水管，一边加水一边缓慢推动倒角器，如图 2-42 所示。

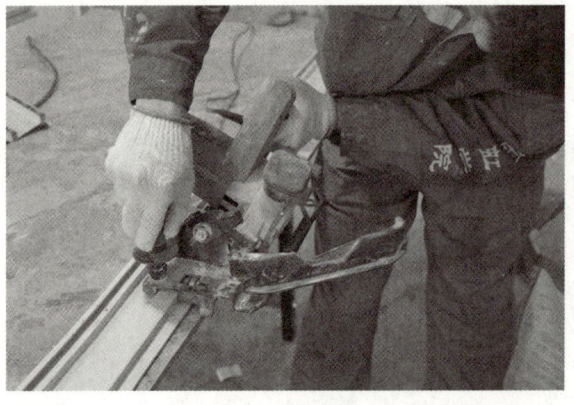
图 2-41　调节瓷砖与倒角器成 45°角

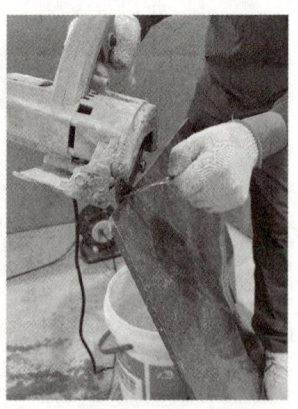
图 2-42　推动倒角器

③打磨，如图 2-43 所示。

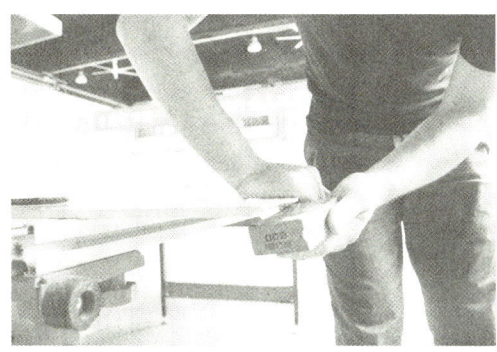
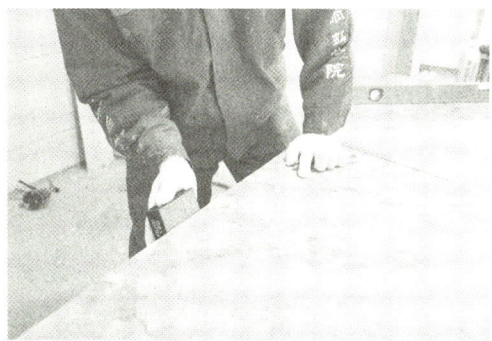

图 2-43 打磨

（3）开孔

①方孔

对基面线盒位置进行测量，确认开孔位置，用记号笔标记切割位置 4 个圆-切。选择直径为 6mm 或 10mm 的钻头，沿着标记的切割线进行开孔，打孔力度要均匀并且打孔时进行喷水降温处理，避免瓷砖开裂（开孔钻头应与横竖切割线相切）。开孔完毕后，使用切割机沿着标记线进行切割，直至瓷砖切割面断开，如图 2-44 所示。

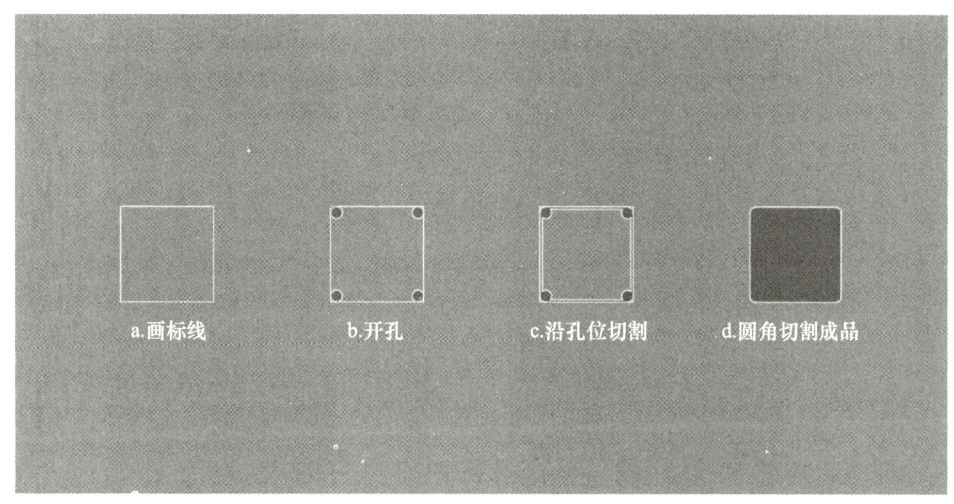

图 2-44 开方孔流程

②圆孔

对基面上管口的位置进行测量，确定其开孔位置，使用十字定位法确定管口中心点位置，选择合适直径的开孔器开孔并喷水降温，如图 2-45 所示。

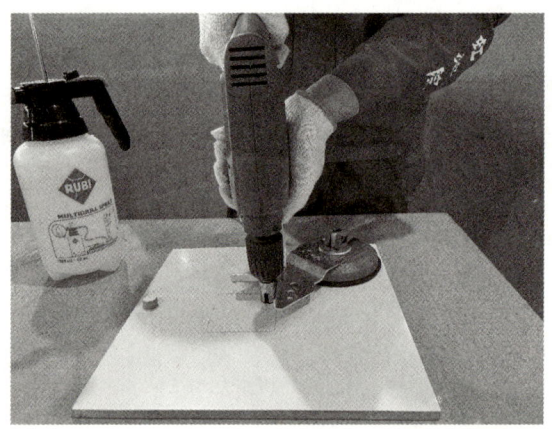

图 2-45 开圆孔方法

2. 大板瓷砖切割

（1）组装工作台，如图 2-46 所示。

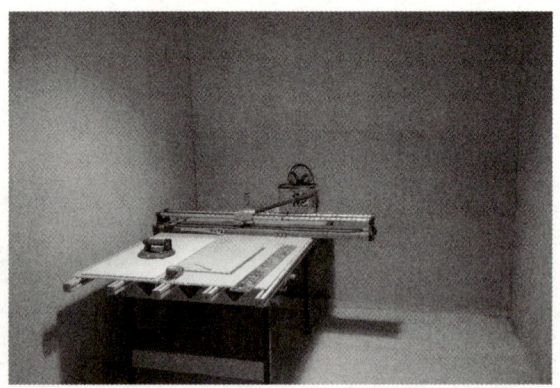

图 2-46 组装工作台

（2）使用抬板器，将大板正面朝上置于工作台，如图 2-47 所示。

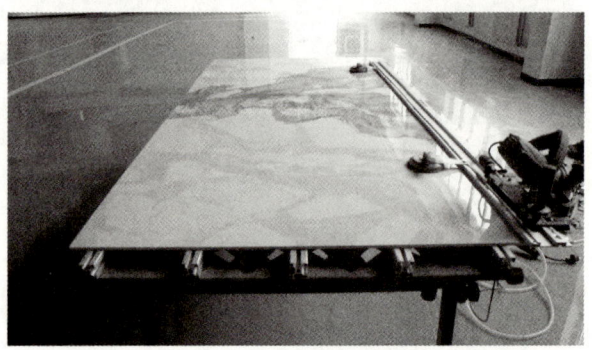

图 2-47 将大板正面朝上置于工作台上

(3) 确定裁切位置，画切割线，如图 2-48 所示。

图 2-48　画切割线

(4) 安装裁切工具，如图 2-49 所示。

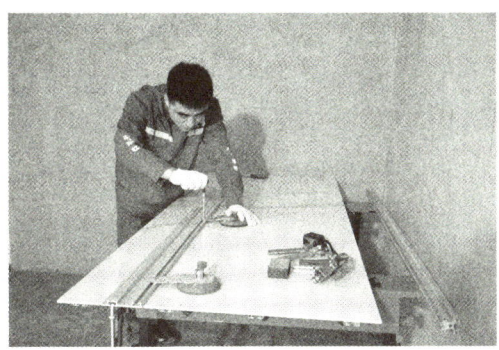

图 2-49　安装裁切工具

(5) 大板开孔及开槽，如图 2-50 所示。

图 2-50　大板开孔及开槽

2.3.6 瓷砖铺贴

1. 瓷砖薄贴法施工

(1) 瓷砖处理

①残留物处理

使用钢丝刷除去砖背上的松散物质（如辊道防粘剂的残留物），并用湿布擦除砖背的浮尘。使用胶粘剂铺贴前，瓷砖无须浸水湿润，如图2-51所示。

扫码学习
瓷砖薄贴工艺

图 2-51　去除残留物

②依据选材表，确认是否涂刷背胶。涂刷背胶按下列步骤进行：

a. 搅拌背胶。使用搅拌器将背胶搅拌均匀，防止背胶中乳液在长期静置下发生沉降，造成材料不均匀，如图 2-52 所示。

b. 涂刷背胶及码放。使用短毛滚筒蘸取背胶，将其均匀涂刷于瓷砖背面，将涂刷后的瓷砖使用橡胶垫块叠层码放，码放高度不超过 20 层，如图 2-53 所示。

c. 等待背胶完全干燥，外观呈透明，手搓按压，确认是否有强度，如图 2-54 所示。

图 2-52　搅拌背胶

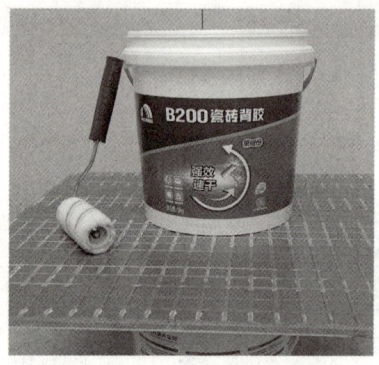

图 2-53　涂刷背胶及码放

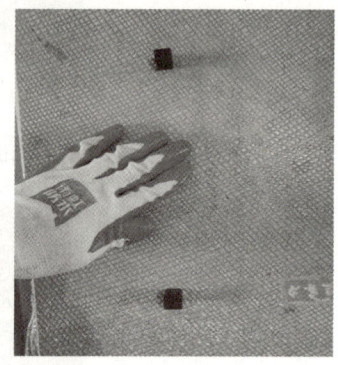

图 2-54　按压背胶

(2) 瓷砖胶配制

①阅读说明书。瓷砖胶严禁添加水泥等其他材料使用。若掺加水泥或其他材料，会影响瓷砖胶的整体性能，存在瓷砖空鼓脱落的风险。

②加水。按照包装说明的建议配比，将所需清洁水倒入干净的搅拌桶中，如图2-55所示。

③将瓷砖胶逐量缓慢加入,边加入边用电动搅拌器搅拌(搅拌器功率不低于1000W),直至瓷砖胶呈均匀无结块膏状,如图2-56所示。

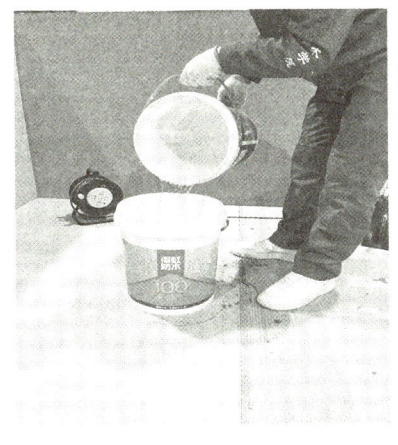  

图2-55 加水　　　　　　　　　　　图2-56 电动搅拌器搅拌

④静置5分钟,如图2-57所示。

⑤再次搅拌2~3分钟,搅拌后的瓷砖胶状态如图2-58所示。

图2-57 静置(带钟表)　　　　　　图2-58 搅拌后的瓷砖胶状态

备注:搅拌好的瓷砖胶应在可操作时间(常规型2小时内,快干型30分钟)内使用,超过操作时间的瓷砖胶严禁二次加水使用。

(3)瓷砖铺贴

①从角落开始,确定水平点

瓷砖铺贴宜从房间角落开始,先粘贴两至三块瓷砖,用以确定瓷砖面的完成高度和横竖水平线,如图2-59所示。

②基面满批 1mm 厚瓷砖胶

选择合适的齿形抹刀将搅拌好的胶粘剂满批到基面上,厚度小于 1 mm,如图 2-60 所示。

图 2-59　确定水平点

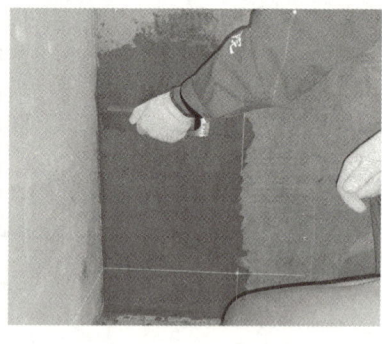
图 2-60　基面满批 1mm 厚瓷砖胶

扫码学习
基面瓷砖胶批刮

③厚批、拉槽

用齿形抹刀在基面上厚批一层瓷砖胶,齿形抹刀与基面约成 60°角,并拉槽至饱满均匀,每次批刮面积不大于 $1m^2$,如图 2-61 所示。

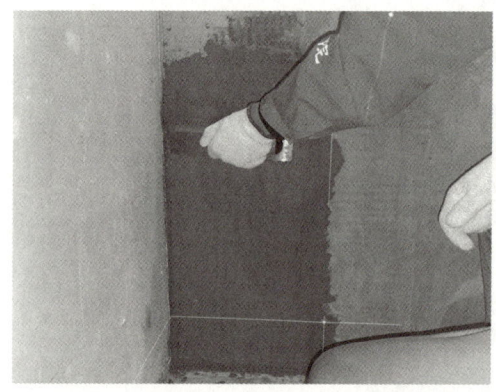

图 2-61　厚批、拉槽

④瓷砖背面批刮瓷砖胶

用齿形抹刀将瓷砖胶批刮到瓷砖背面,齿形抹刀与瓷砖基面约成 60°夹角,沿着与基面拉槽平行的方向将胶粘剂层梳理成均匀条状,如图 2-62 所示。

a. 基涂法

室内尺寸小于 150mm×150mm 的瓷砖,可将瓷砖胶批刮梳理于墙面,直接贴砖(外墙小规格瓷砖背面有燕尾槽,需用组合法),如图 2-63 所示。

图 2-62　瓷砖背面批刮瓷砖胶

图 2-63　基涂法

b. 组合法

尺寸大于 150mm×150mm 且小于 300mm×600mm 的瓷砖，首先将瓷砖胶批刮梳理于墙面，然后在瓷砖背面薄批一层胶浆后压实，如图 2-64 所示。

c. 双面拉槽法

尺寸大于 300mm×600mm 的瓷砖，需要在墙面和瓷砖背面同时批刮瓷砖胶并梳理成均匀饱满的条状，然后铺贴压实。瓷砖背面拉槽需与墙面拉槽平行，如图 2-65 所示。

图 2-64　组合法

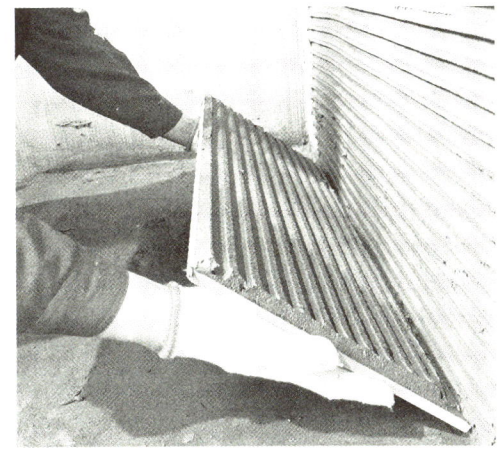
图 2-65　双面拉槽法

⑤揉压

在瓷砖胶的晾置时间（约 15 分钟）内，瓷砖需铺贴到位，并垂直于拉槽方向进行揉压，以达到满粘效果。满粘（图左）与不满粘（图右）对比如图 2-66 所示。

图 2-66　满粘与不满粘对比

⑥调整瓷砖缝隙，安装尺寸合适的十字定位卡，如图 2-67 所示。

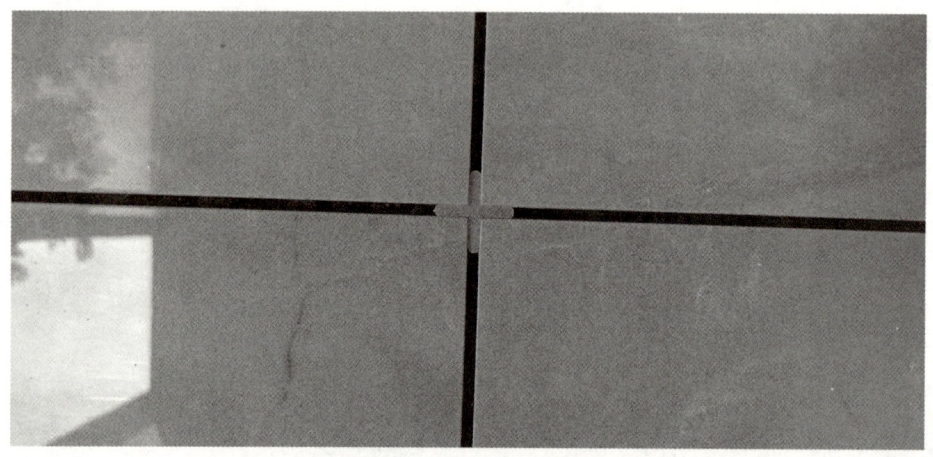

图 2-67　安装十字定位卡

⑦当揉压困难时，可使用拍板器或震平器震平，如图 2-68 所示。

 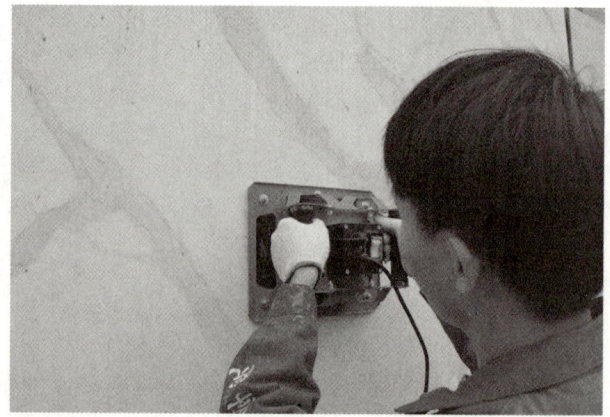

图 2-68　拍板器或震平器震平

⑧在距离瓷砖边角 3cm 位置分别安装找平器底座，并在相邻砖铺贴完成后，安装找平楔子，并用推进钳拉紧调平。如图 2-69 所示。

图 2-69　放入找平器

⑨用靠尺检查铺贴墙面的平整度，对于不平整墙面，需要重新铺贴，如图 2-70 所示。

⑩注意事项

a. 当瓷砖规格尺寸或几何形状规格不一致时，须保持缝宽一致，如图 2-71 所示。

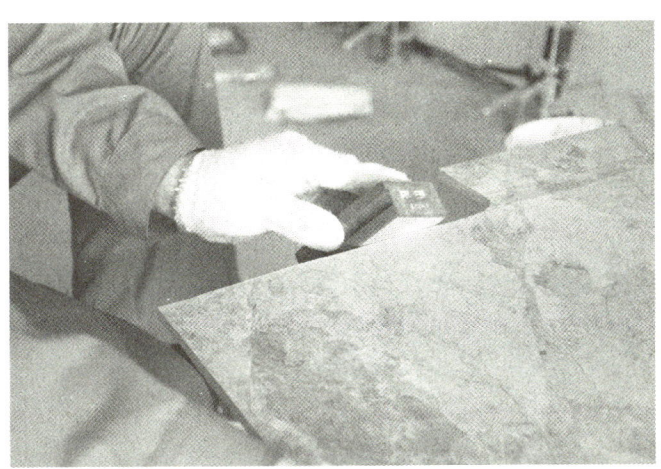

图 2-70　靠尺检查平整度　　　　图 2-71　切割修边调整，保持缝宽一致

b. 铺贴过程中，应及时清理缝隙中的瓷砖胶，如图 2-72 所示。

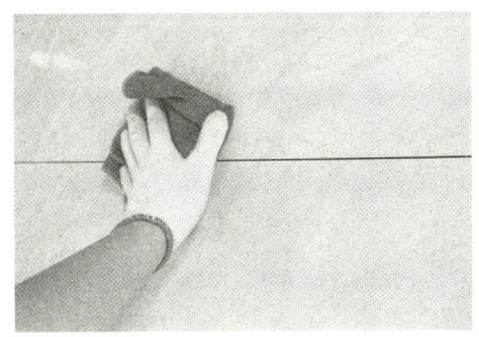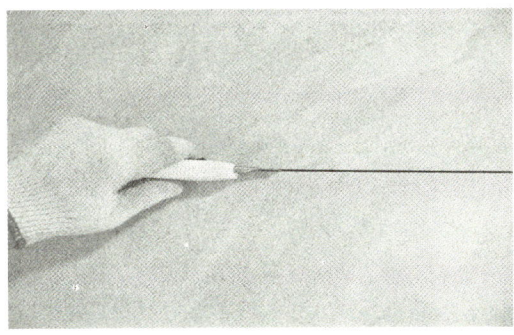

图 2-72　清理

c. 72小时后，用橡皮槌敲除找平器，清扫干净，并再次检查瓷砖缝隙有无残留瓷砖胶，如图2-73所示。

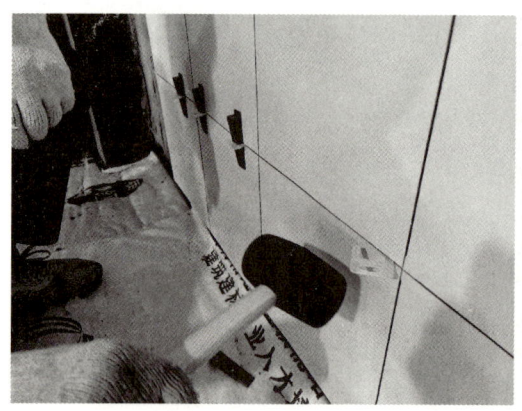

图 2-73　敲除找平器并清扫

2. 大板铺贴施工

（1）大板处理

使用抬板器将大板固定于操作台上，然后使用角磨机打磨大板背面，完成后用清水冲洗干净。抬板时应做好边角保护，避免磕破，如图2-74所示。

图 2-74　大板固定与边角保护

（2）瓷砖胶配制

根据设计要求，将满足铺贴标准的瓷砖胶，按产品说明书进行配制。

（3）大板铺贴

①薄批

选择合适的齿形抹刀将搅拌好的胶粘剂满批到基面上，厚度小于1mm，如图2-75所示。

②厚批

用齿形抹刀在基层上厚批一层瓷砖胶，厚度为8～10mm，齿形抹刀与基面约成60°角，并拉槽至饱满均匀，每次批刮面积略大于单块大板面积，如图2-76所示。

图2-75 薄批基面

图2-76 厚批基面

③将大板固定于大板刮浆架，如图2-77所示。

图2-77 大板固定

④大板背面批刮瓷砖胶

用齿形抹刀将瓷砖胶批刮于大板背面，齿形抹刀与基面约成 60°角，沿与基面拉槽平行的方向将胶粘剂层梳理成均匀条状，如图 2-78 所示。

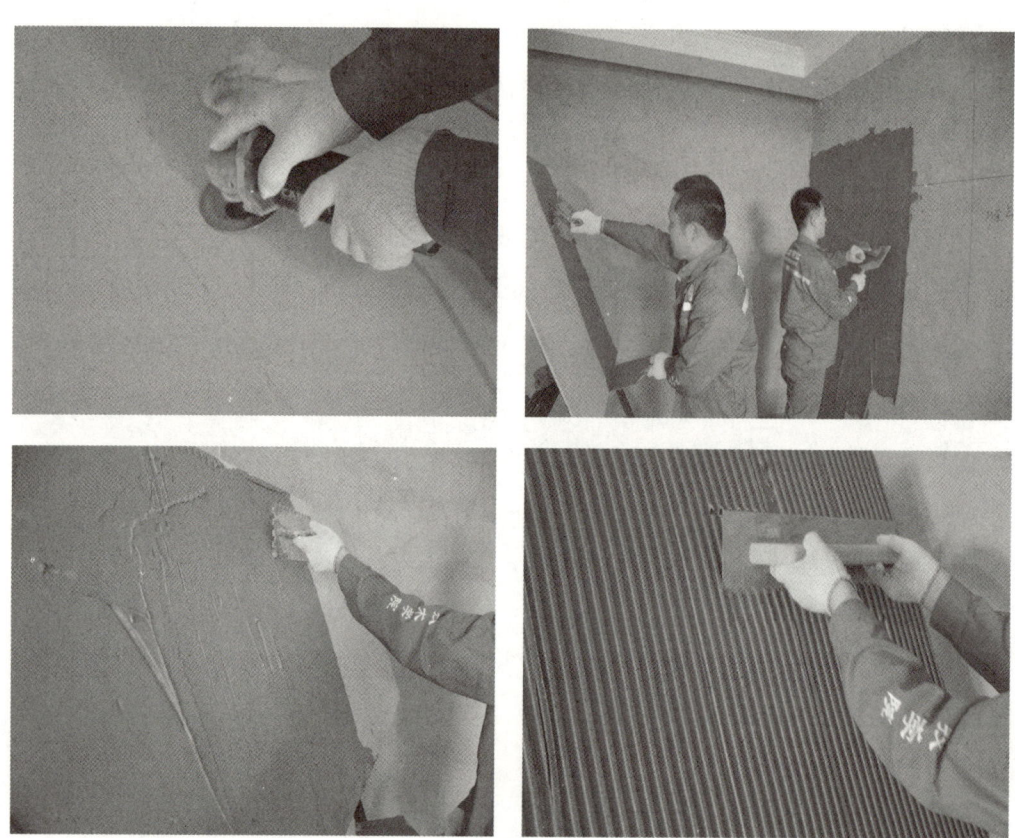

图 2-78　大板背面批刮

⑤取下大板抬板器靠近地面一侧的把手，如图 2-79 所示。

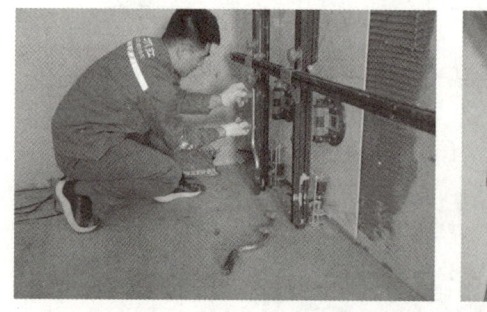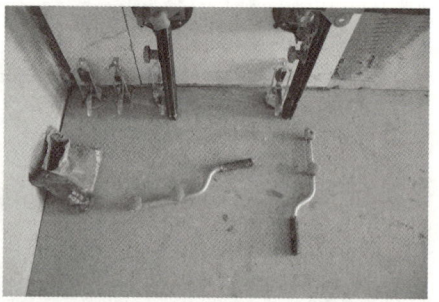

图 2-79　取下大板抬板器

⑥大板铺贴，并震平

在大板瓷砖胶晾置时间内，将批刮好胶浆的大板铺贴到位，垫高器置于大板下方，并进行微调,使用大板拍板器或震平器进行震实,如图2-80、图2-81所示。

图2-80 垫高器置于大板下方

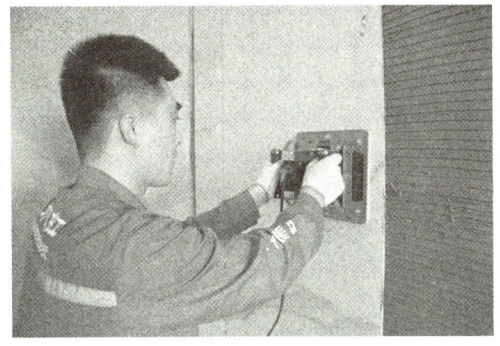

图2-81 震平器震实

⑦找平器

将找平器底座沿着大板边缘每隔30cm插入瓷砖与胶层缝隙中,如图2-82所示。

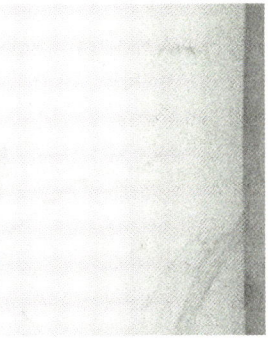

图2-82 插入找平器

⑧使用拉紧器,调整缝隙宽度至一致,如图2-83所示。

⑨使用推进钳拉紧调平,如图2-84所示。

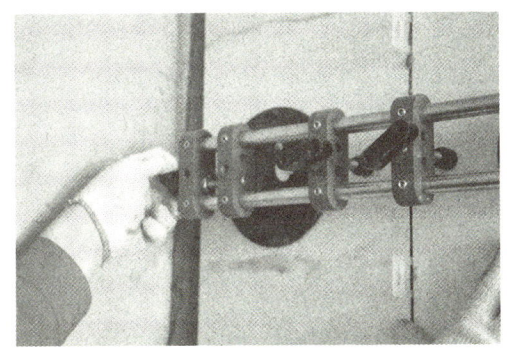

图2-83 调整缝隙宽度

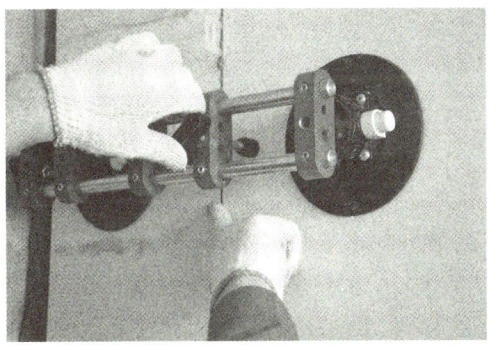

图2-84 拉紧调平

⑩靠尺检查平整度

使用靠尺检查铺贴平整度，若存在不平整，需先用高强尼龙线将大板与胶层分割，之后撬开大板重新铺贴，如图 2-85 所示。

图 2-85　靠尺检查平整度

⑪清理砖面及砖缝，如图 2-86 所示。

 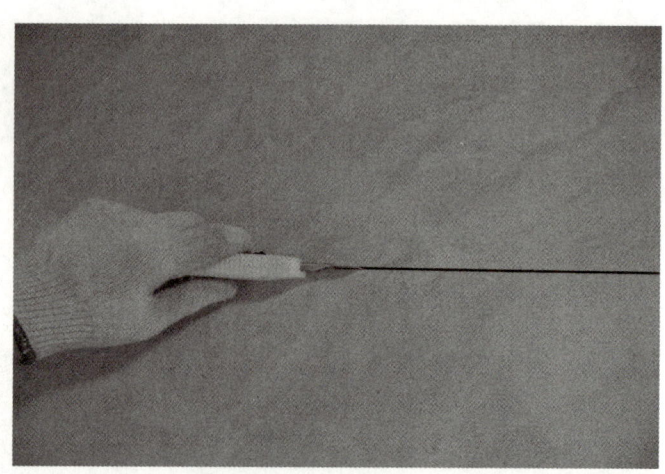

图 2-86　清理砖面及砖缝

⑫拆除找平器，如图 2-87 所示。

72 小时后，拆除垫高器和找平器，清扫干净，并再次检查大板缝隙有无残留大板瓷砖胶。

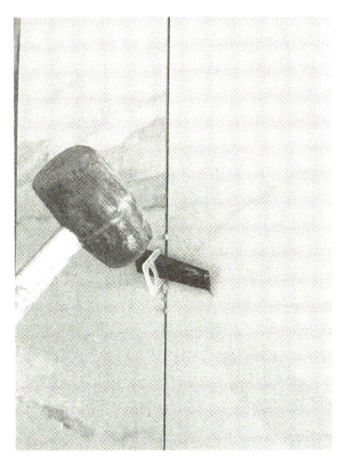
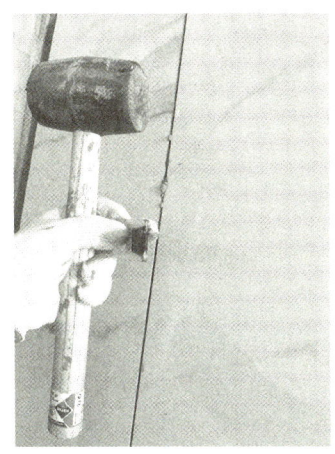

图 2-87　拆除找平器

3. 瓷砖、石材干挂施工

（1）瓷砖、石材搬运

搬运、吊装构件时不得碰撞、损坏和污染石材；石材应依照安装顺序排列放置，放置的地方应有足够的承载力和刚度。

（2）瓷砖、石材安装

①放线打点

根据龙骨尺寸，在墙上弹出龙骨主控线和龙骨外口线，保证误差不超过 2mm。根据墙面面积大小、平整度情况，分别在墙的上下两侧及中部设置测量控制点，如图 2-88 所示。

②打孔安装龙骨

a. 打孔

根据膨胀螺栓尺寸（膨胀螺栓直径不小于 10mm）进行打孔。若遇到墙体内钢筋，可将孔位在水平方向移动一些，但仍应具有可调余量，成孔要求与结构墙面垂直，如图 2-89 所示。

图 2-88　放线打点

图 2-89　打孔

b. 清除粉灰

清除孔洞内粉灰,在孔洞内用膨胀螺栓安装预埋铁板,墙体和铁板之间应有足够的承载力、刚度和相对主体结构的位移能力。

c. 安装预埋铁板

预埋板标高偏差不应大于10mm,实际位置与设计位置偏差不应大于20mm,如图2-90所示。

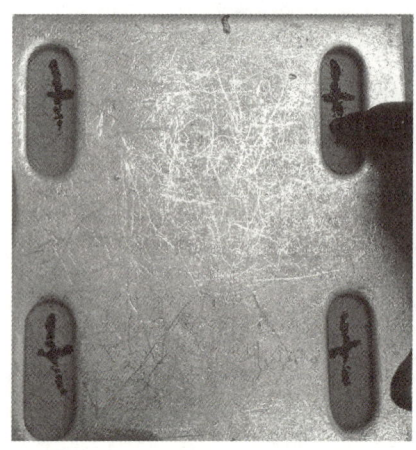

图 2-90　安装预埋铁板

d. 安装竖龙骨

竖龙骨采用角码和螺栓连接,并通过角码与预埋铁板连接,立柱与角码采用不同金属材料时,应使用绝缘垫片分割。安装要求:竖龙骨标高偏差不大于3mm,轴线前后偏差不大于2mm,左右偏差不大于3mm;相邻两根竖龙骨标高偏差不大于3mm,同层竖龙骨标高最大偏差不应大于5mm,相邻竖龙骨距离偏差不大于2mm,如图2-91所示。

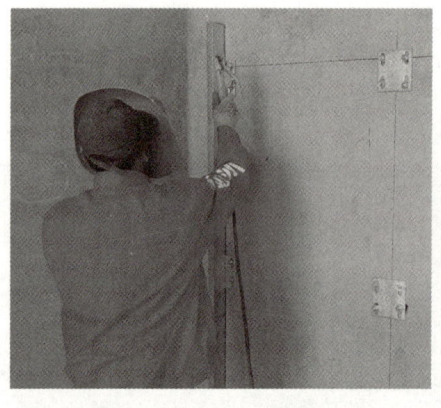
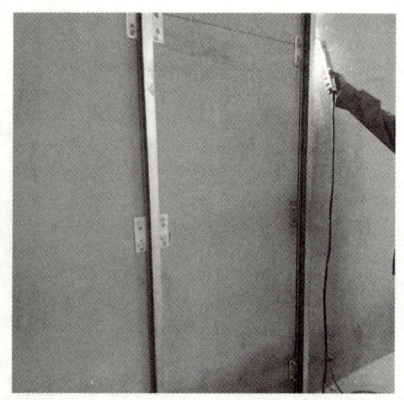

图 2-91　安装竖龙骨

e. 安装横龙骨

将横龙骨两端的连接件和垫片安装在竖龙骨的预定位置，安装需牢固，接缝需严密。然后在横龙骨上安装角码和铝合金挂件，整个过程需保证每个构件都固定好，无松动。安装要求：相邻两根横龙骨水平偏差不大于1mm；当安装宽度小于35m时，同层标高偏差不大于5mm；当安装宽度大于35m时，同层标高偏差不大于7mm，如图2-92所示。

图2-92　安装横龙骨

③连接节点要做防腐处理，如图2-93所示。

图2-93　防腐处理

④安装挂件，如图 2-94～图 2-96 所示。

图 2-94　背面开槽

图 2-95　挂件插入槽痕

图 2-96　植入 AB 干挂胶，固定挂件

⑤瓷砖、石材干挂上墙

瓷砖、石材背面挂件扣、拧在横龙骨固定挂件上。待 AB 胶干固后,将瓷砖、石材背面挂件扣拧在横龙骨固定挂件上,安装时从下往上安装,如图 2-97 所示。

图 2-97　上墙

调整瓷砖、石材面的平整度、垂直度、接缝宽度,再将螺栓拧紧固定,如图 2-98 所示。

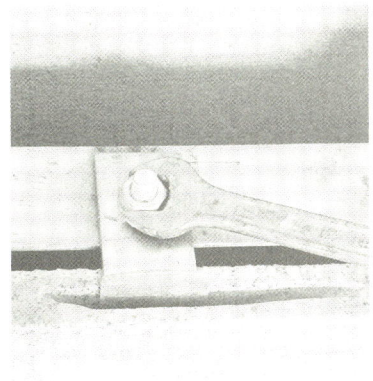

图 2-98　拧紧固定

⑥嵌缝打胶(图 2-99)

选用的泡沫塑料圆条直径应稍大于缝宽,保证胶缝的最小深度和均匀性(图 2-100)。

 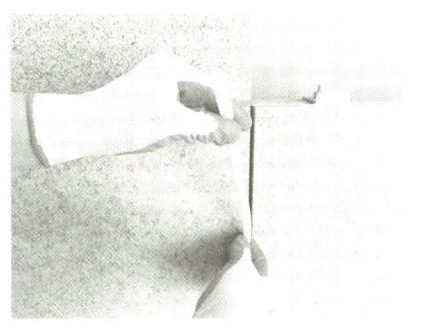

图 2-99　硅酮耐候密封胶　　　　图 2-100　泡沫塑料圆条放在缝宽中

在胶缝两侧粘贴纸面胶带保护，避免硅酮耐候密封胶污染瓷砖、石材表面，影响美观（图 2-101）。

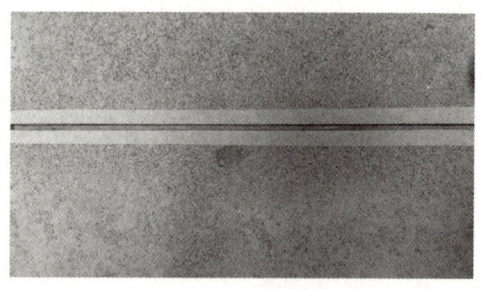

图 2-101　粘贴纸面胶带

用专用清洁剂或稀草酸清洗石材表面缝隙处（图 2-102）。石材的表面，特别是缝隙处必须清洗干净，才可以确保硅酮耐候密封胶与石材的粘贴。

图 2-102　清洗缝隙

注胶应均匀无流淌，边打胶边勾缝，使硅酮耐候密封胶成型后呈微弧形凹面（图 2-103）。

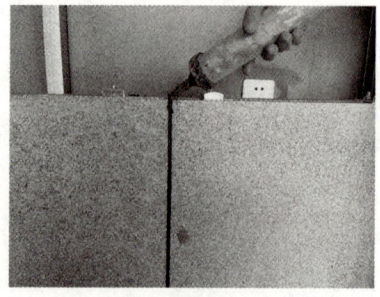

图 2-103　注胶

施工完毕后，除去瓷砖、石材板表面的胶带，用清水和清洁剂将石材表面擦洗干净（图 2-104）。

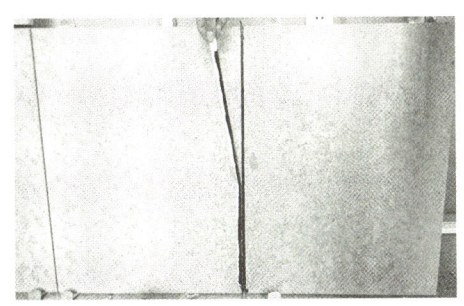

图 2-104　清除胶带，擦洗表面

2.3.7 成品保护

1. 设置明显标识，72 小时严禁上人，如图 2-105 所示。

图 2-105　设置明显标识

2. 打蜡或涂刷石材保护剂，如图 2-106 所示。

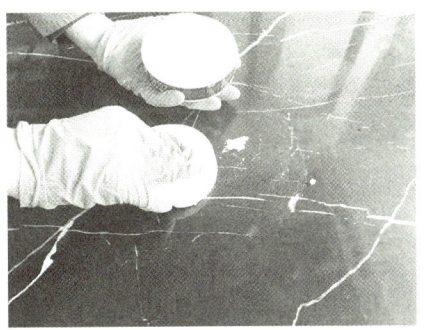

图 2-106　打蜡或涂刷石材保护剂

3. 地面瓷砖和大板需铺设地膜进行成品保护。

2.3.8 瓷砖填缝/美缝

1. 施工环境要求

使用水泥基填缝剂施工时，应确保施工环境温度大于5℃；美缝的施工需在贴砖7天后方可进行，若遇低温或缝隙潮湿的情况，可适当延长时间。

使用美缝剂、环氧彩砂施工时，施工环境的空气湿度不宜大于70%；环境湿度过大时易产生泛白现象；温度要求不低于5℃，温度过低时易导致美缝剂干燥固化速度变慢，影响施工效率。

2. 水泥基填缝剂施工

（1）填缝剂配制

①阅读填缝剂使用说明书。

②配比

按照包装说明的建议配比，先将所需的水倒入干净的搅拌桶中，然后按比例加入填缝剂，搅拌至均匀膏状，如图2-107、图2-108所示。

图2-107　加水　　　　　图2-108　搅拌

备注：搅拌好的填缝剂应在2小时内使用，超过操作时间的填缝剂严禁二次加水使用。

（2）填缝

①将填缝剂填满砖缝

用海绵抹子将搅拌好的填缝剂用力填满砖缝，抹子与砖缝成45°角涂抹，如图2-109所示。

②擦除多余填缝剂

待填缝剂收水稍干（约20分钟）时，使用浸水并拧干的海绵将瓷砖表面多余的填缝剂擦除，确保缝隙表面光滑平整，如图2-110所示。

图2-109　填满砖缝

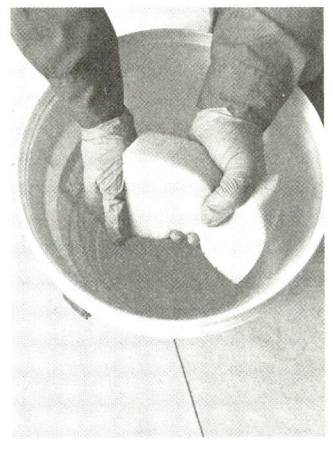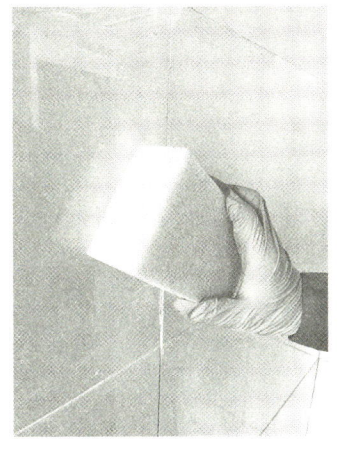

图 2-110　擦除多余填缝剂

③24 小时后

24 小时后，用软布擦洗瓷砖表面，做彻底清洁。

(3) 美缝剂施工

①施工准备

a. 清理缝隙

使用菱形清缝锥清理瓷砖缝隙，确保缝隙内无粉尘、浮灰、颗粒和附着物，清除深度应不低于 3mm，如图 2-111 所示。

b. 彻底清除杂物

用吸尘机和毛刷彻底清除缝隙中的杂物，并将瓷砖表面擦拭干净，不得留有水渍，如图 2-112 所示。

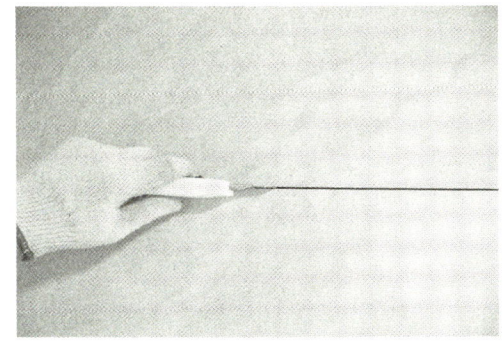

图 2-111　清理缝隙　　　　图 2-112　彻底清除杂物

c. 粘贴美纹纸或打蜡

针对表面粗糙的瓷砖，需要在缝隙边缘打蜡或粘贴美纹纸，打蜡采用两侧擦蜡的方式，避免美缝蜡进入缝隙；美纹纸边缘需与瓷砖缝隙边缘对齐，且美纹纸宽度不小于 2cm。表面光滑的瓷砖可以直接进行美缝施工，如图 2-113、图 2-114 所示。

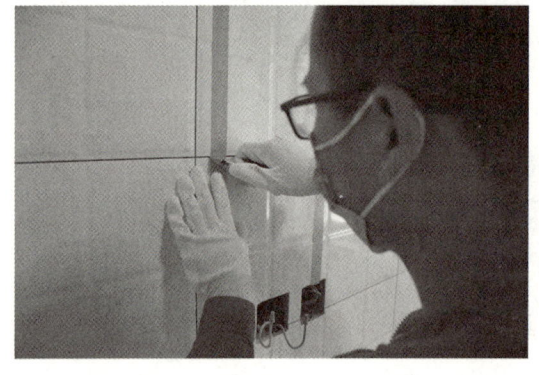

图 2-113　粘贴美纹纸

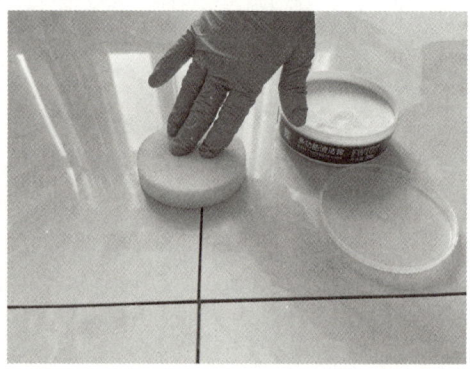

图 2-114　打蜡

②打胶

a. 切割混合胶管，如图 2-115 所示。

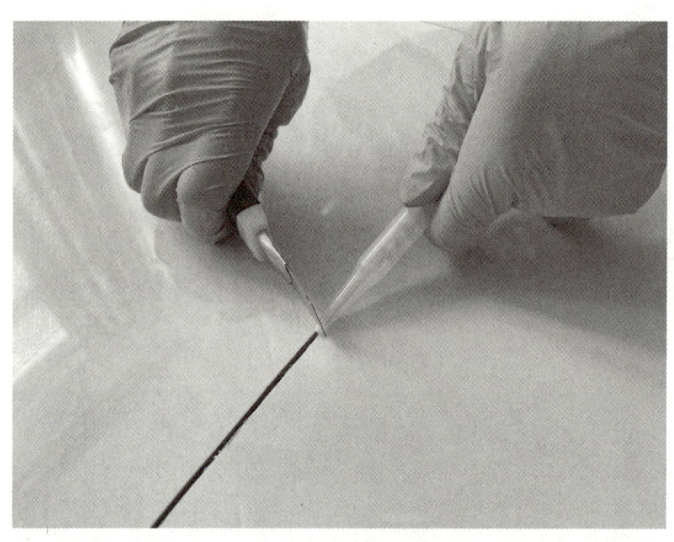

图 2-115　切割混合胶管

b. 安装混合胶管

将胶管前端凹槽卡在胶枪上，推压胶枪保证 A、B 组分同时出料，然后安装混合胶管，挤出 20cm 的料弃之不用，如图 2-116 所示。

c. 打胶

施工时混合胶管与瓷砖表面成 45°角，沿缝隙均匀打出美缝剂，保证胶线均匀饱满无断层，如图 2-117 所示。

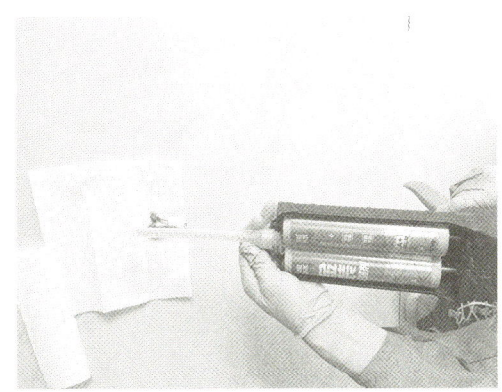

图 2-116　安装混合胶管

图 2-117　打出美缝剂

d. 压缝处理

打胶完成后，在30分钟内使用压缝器进行压缝处理。十字交叉的缝隙不可重复压缝，压缝方法如图2-118所示。

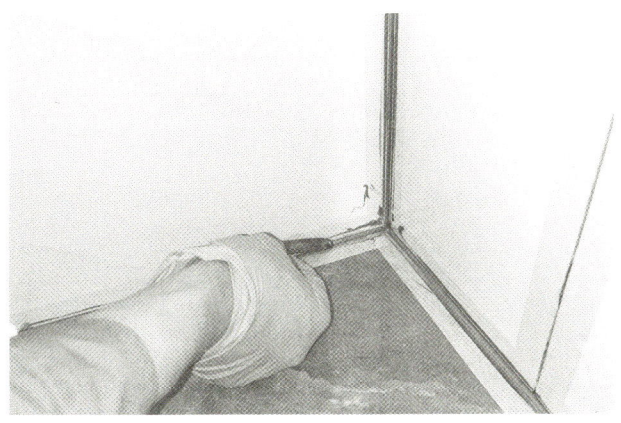

图 2-118　压缝处理

③清洁养护

压缝后应立即沿缝隙两侧撕掉美纹纸，清除周边多余美缝剂，擦去余渍。如未贴美纹纸，美缝施工12小时后，用清洁铲刀将瓷砖表面的美缝剂清理干净，如图2-119所示。

 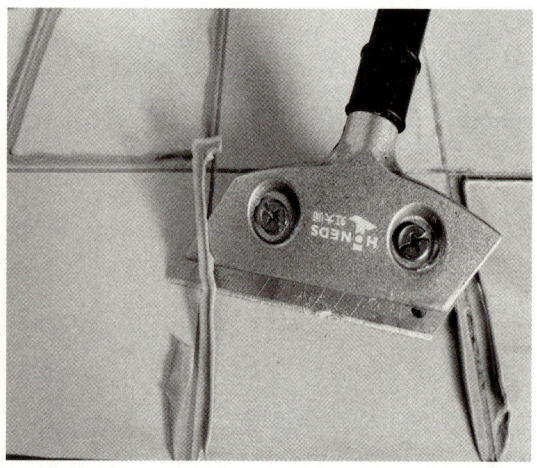

图 2-119　揭掉美纹纸或用铲刀清理

④施工验收

按照设计要求，进行施工验收，要求缝隙颜色一致、均匀饱满且表面光滑平整、不得有漏填现象；24小时可达到使用强度，自然养护7天。施工验收见表2-6。

表 2-6　施工验收

类别	验收项目	验收标准	检验方法
主控项目	胶体凹陷最大深度 d	缝宽3mm以下，$d \leqslant 0.5$mm； 缝宽3mm及以上，$d \leqslant 0.7$mm	游标卡尺
	胶体厚度	胶体厚度不应小于缝隙宽度	游标卡尺破坏性检测
	瓷砖边缘产品残留	无明显残留	目测观察
	缝隙黑边	无明显残留	目测观察
	交接点凸起	无明显凸起点	目测观察
	色差	无明显差别	目测观察
一般项目	胶体外观	线条宽度一致、平滑、连续、密实	目测观察
	饰面清洁度	无残留物	目测观察

(4) 桶装环氧彩砂施工

①施工准备

使用菱形清缝锥清理瓷砖缝隙,确保缝隙内无粉尘、浮灰、颗粒和附着物,清除深度应不低于3mm,如图2-120所示。

用吸尘器及毛刷彻底清除缝隙中的杂物,并将瓷砖表面擦拭干净,不得留有水和水渍,如图2-121所示。

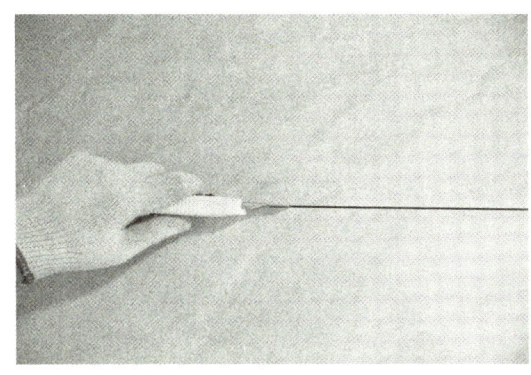
图 2-120　清缝

图 2-121　吸尘机清除缝隙中的杂物

②配制环氧彩砂

将A、B两个组分加入干净的搅拌盘中,搅拌至均匀膏状,按照说明书施工。搅拌好的环氧彩砂应在1小时内使用完毕,如图2-122所示。

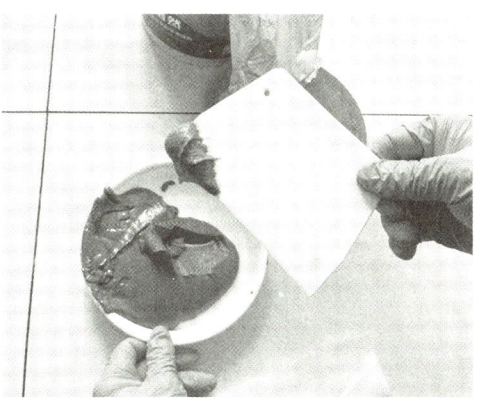
图 2-122　配制环氧彩砂

③环氧彩砂施工

用硬橡胶抹子将搅拌好的环氧彩砂用力填满砖缝,抹子与砖缝成45°角涂抹,如图2-123所示。

填缝后应立即使用沾着清洁水的海绵以 360°转圈的方式清洗，擦掉瓷砖表面的余料，确保缝隙内的环氧彩砂连续、平直、光滑、饱满，且宽度和深度符合设计要求，如图 2-124 所示。

图 2-123　填满砖缝

图 2-124　转圈的方式清洗

用硬海绵蘸取清水清洗，如表面无法清洗干净，可采用专用的清洗剂进行清洗，如图 2-125 所示。

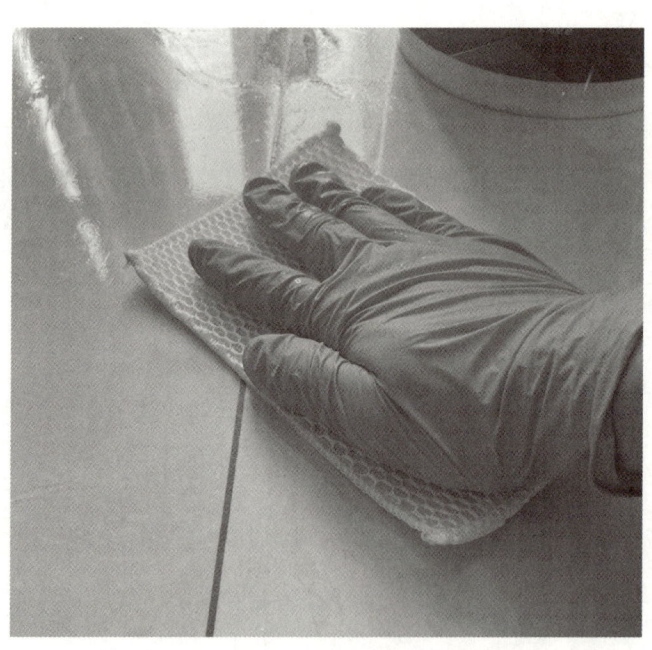
图 2-125　清水清洗

④做好成品保护。

检查与评价

一、任务单

1. 判断（正确的打"√"，错误的打"×"）。

序号	命题	正确性
1	瓷砖铺贴后可调整时间为 20 分钟。	
2	瓷砖粘贴工艺一般分为三种：背涂法、基涂法（又称镘刀法、薄贴法）和组合法。	
3	瓷砖粘贴过程中对基层的要求及处理：外墙的拉伸胶粘强度不得低于 0.4MPa；基层必须平整，在 2m 内平整度误差不超过 3mm，否则必须用砂浆找平。	
4	大型瓷砖饰面系统必须用伸缩缝分割成可以控制应力水平的区间。	
5	李师傅在铺贴瓷砖时，使用双组分背胶。为了施工方便，在材料搅拌的过程中进行加水处理，这种施工方法正确吗？	
6	铺贴瓷砖时，需要一次性铺贴到顶，再铺贴下一面墙的瓷砖。	
7	小明因为装修资金紧张，在选购了 400mm×800mm 的玻化砖薄板后，为节约成本选用 C0 瓷砖胶粘贴，请问小王的选择是否正确？	
8	铺贴瓷砖前的钢筋混凝土墙、地面基层上，宽度超过 0.5mm 的裂纹应用适宜的材料进行填补。	
9	使用瓷砖胶组合法铺贴时，砖背面与基层面的瓷砖胶拉槽方向应相互平行。	
10	在铺贴瓷砖前，基层墙体应进行找平，找平材料的拉伸粘结强度不宜小于 0.2MPa。	

2. 单选

序号	问题	在正确的选项内打"√"			
		A	B	C	D
1	针对骨架结构，当基层为水泥板时，应采用（　　）级别瓷砖胶进行瓷砖铺贴。	C2	C2ES2	C2ES1	C1ES1
2	水泥砂浆厚贴的厚度为（　　）。	5～8mm	1～2mm	3～4mm	10～20mm
3	瓷砖调平器的施工步骤是（　　）。	瓷砖边部收边、安装调平器底座、安装调平器楔子、用钳子固定调平器楔子	安装调平器底座、安装调平器楔子、用钳子固定调平器楔子、瓷砖边部收边	安装调平器底座、瓷砖边部收边、安装调平器楔子、用钳子固定调平器楔子	安装调平器底座、安装调平器楔子、瓷砖边部收边、用钳子固定调平器楔子

续表

序号	问题	在正确的选项内打"√"			
		A	B	C	D
4	美缝施工环境湿度过大时，瓷砖缝内的水气会导致的结果为（　）。	美缝剂不干	美缝剂漏胶	美缝剂起泡发白	打胶困难
5	卫生间淋浴区墙面设计选用聚氨酯防水涂料，以下措施可有效增加瓷砖与防水层粘结性能的是（　）。	聚氨酯最后一遍涂膜实干前撒砂处理，可选用10～20目的干净石英砂	聚氨酯干燥后用加固剂：P·O 42.5水泥＝1：2（质量比）进行表面拉毛处理	聚氨酯干燥后用加固剂与瓷砖胶混合进行表面拉毛处理	以上措施均可
6	瓷砖胶的正确使用方法为（　）。	添加到水泥砂浆中使用	厚贴使用	薄贴使用	点粘使用
7	以下关于瓷砖胶施工说法错误的是（　）。	基层吸水率高，须提前使用界面剂或清水润湿至无明水状态	配制胶浆一般在2小时之内用完，快硬性瓷砖胶30分钟之内用完	瓷砖胶已表干时应尽快完成瓷砖铺贴，同时充分压实，避免粘结不牢	根据铺贴瓷砖大小选择齿形抹刀的规格，瓷砖越大，使用齿形抹刀规格尺寸越大
8	在标准温湿度下，搅拌完的瓷砖胶需要在（　）内使用完毕。	6小时	5小时	2小时	0.5小时
9	在瓷砖铺贴时，铺贴的顺序是（　）。	先铺贴墙面再铺贴地面	先铺贴地面再铺贴墙面	从顶面往下，依次铺贴	随意铺贴
10	美缝剂施工中，遇到十字交叉缝隙，应该（　）。	沿着两条交叉缝隙，直接各压一次	在交叉部位不可重复压缝	在交叉部位不压缝	在交叉部位不打胶

3. 简答

序号	命题	简答
1	简述陶瓷砖胶粘剂施工时薄涂法和水泥砂浆厚贴法的工艺流程。	
2	简述大理石石材的出厂检验项目。	

续表

序号	命题	简答
3	施工前，当业主或设计师提出设计变更，应当按照怎样的流程操作？	
4	简述阴角线的装饰设计方法。	
5	简述造型要素的组合秩序。	
6	大规格厚重的瓷砖铺贴需要注意什么？	
7	瓷砖表面被瓷砖胶污染，如何清理？	
8	瓷砖表面的铁锈污渍如何清理？	

4. 工程事故分析题

序号	命题	原因分析及处理措施
1	请简述瓷砖铺贴后出现空鼓掉砖的原因。	
2	直接在原有的地砖上铺贴花岗石是否可行，有哪些注意事项？	
3	简述无砂找平与传统水泥砂浆找平的区别。	
4	圆柱铺贴出现空鼓的主要原因有哪些？如何解决？	

5. 计算题

序号	命题	计算分析过程
1	在一个房间内贴砖，根据设计要求需铺贴 150mm×150mm 的瓷砖面层，缝宽 1.5mm，请计算每 1m² 所用的瓷砖量。	
2	某设计图纸的比例尺标注为 1∶100，其中卫生间墙面图纸标注宽度为 30mm，请问实际墙面宽度为多少？	
3	某面积为 20m² 的空间，采用规格为 120mm×120mm 的瓷砖铺贴，请问一共需要多少片瓷砖？	
4	请写出套内建筑面积计算公式。	

二、分析评价

序号	评价指标	具体内容	分值	自评	教师评价
1	学习态度	能够自主学习，有强烈的求知欲、好奇心、积极参与项目活动； 能够积极主动地发现、提出并解决问题； 能够积极参与小组讨论、承担小组任务。	10		
2	学习成果	能够按时、按计划完成学习任务； 能够掌握瓷砖铺贴工艺流程； 能够掌握材料的正确选择方法； 能够掌握常见瓷砖铺贴下料计算； 能够分析瓷砖常见施工质量及处理措施。	20		
3	应用拓展	能够将项目成果学以致用，在真正使用的过程中进一步深化学习项目； 能够综合运用及掌握计算机、多媒体、摄影等现代技术解决问题； 具备创新意识，能够提出个性化观点。	10		

续表

序号	评价指标	具体内容	分值	自评	教师评价
4	思政课堂	具备基本的语言表达和书面表达能力，能够清晰提出自己的观点； 遵守课堂纪律，自觉维护整理教学器材及用具； 具备环保意识，节约用电、用水、用纸意识； 具备合作意识，乐于贡献有效信息、共享资源。	10		
5	合计	100分（包含自评50分和教师评价50分）			

三、参考答案

1. 判断

序号	1	2	3	4	5	6	7	8	9	10
答案	√	√	√	√	×	×	×	√	√	×

2. 选择

序号	1	2	3	4	5	6	7	8	9	10
答案	B	D	A	C	D	C	C	C	A	B

3. 简答

序号	命题	简答
1	简述陶瓷砖胶粘剂施工时薄涂法和水泥砂浆厚贴法的工艺流程。	薄涂法工艺流程：基层处理→找平、排砖→分格弹线→配制胶粘剂→铺装→压平→填缝→清洁→成品保护。 厚涂法工艺流程：基层处理→吊垂直、套方、贴灰饼→找平、抹砂浆→排砖→分格弹线→配制粘结砂浆→瓷砖（板）背涂→瓷砖（板）铺装→压平→填缝→清洁→成品保护。
2	简述大理石石材出厂检验的项目。	（1）毛光板为厚度偏差、平面度公差、镜向光泽度、外观质量。 （2）普型板为规格尺寸偏差、平面度公差、角度公差、镜向光泽度、外观质量。 （3）圆弧板为规格尺寸偏差、角度公差、直线度公差、线轮廓度公差、外观质量。 （4）异型板按供需双方协商确定的加工质量项目和外观质量。
3	施工前，当业主或设计师提出设计变更，应当按照怎样的流程操作？	设计的问题由设计人员提出设计变更单，每一张变更单的总金额不能超过国家有关规定；将变更单交给业主或装饰公司负责人，首先由监理审查签字，然后由主管部门负责人签字，再提交施工工人并签字，如果项目中涉及业主本人的话，业主也应签字确认。

续表

序号	命题	简答
4	简述阴角线的装饰设计方法。	(1) 清理墙角。在进行室内阴角线装修时应该先确保墙角干净整洁,才可以顺利施工。 (2) 钉木块。在需要进行阴角线处理的地方钉上木块,记得要用专用的水泥钢钉。一般来说木块的规格多为 15mm×60mm×50mm,根据实际情况可以做相应的调整使木块与室内阴角线上的滑块吻合。 (3) 裁花。在进行安装之前要将室内阴角线的滑块进行裁花处理,注意一定要刨去滑边。 (4) 打圆钉。将室内阴角线对准之前已经准备好的木块,推开裁花后的插件打入圆钉。最后可以用玻璃胶遮住钉眼。
5	简述造型要素的组合秩序。	形相遇的关系,虽然多指平面形象内容,但如果将其关系三维化有实际空间造型意义。这类常见的对应的空间关系有:接触式空间、穿插式空间、空间内空间、邻接式空间、联合空间、多元空间等组合。
6	大规格厚重的瓷砖铺贴需要注意什么?	对于大规格厚重,不适宜直接铺贴的瓷砖,需要采用其他施工工艺,例如干挂、挂贴等工艺方法,以防存在安全隐患。
7	瓷砖表面被胶污染,如何清理?	可以用香蕉水去除。纯香蕉水是无色透明易挥发的液体,具有较浓的香蕉气味,微溶于水,能够溶于各种有机溶剂,易燃。纯香蕉水主要用作喷漆的溶剂、稀释剂。
8	瓷砖表面的铁锈污渍如何清理?	可用2%的草酸溶液洗涤去除,然后用清水擦干净;也可用榨出的鲜柠檬汁滴在锈渍上,然后用手揉搓,反复几次,直到锈渍除去,然后用肥皂水洗净即可。

4. 工程事故分析题

序号	命题	原因分析及处理措施
1	请简述瓷砖铺贴后出现空鼓掉砖的原因。	(1) 基层处理问题:施工前未对基层类型进行勘察,以选择适合的工艺和材料。墙面、地面基层疏松或处理不干净、瓷砖背面浮尘没有清除、脱膜剂未清理干净等,均会导致瓷砖与墙面粘结不紧,使用一段时间后,出现松脱掉落等情况。 (2) 瓷砖的吸水率也直接影响瓷砖粘贴的牢固程度。国家规定,瓷质砖的吸水率 $E<0.5\%$,瓷质砖的收缩膨胀率约为 $4×10^{-6}$。当瓷砖胶选型与瓷砖吸水率不匹配时,易导致瓷砖空鼓脱落。 (3) 施工工艺问题:施工过程中,使用水泥砂浆进行铺贴,且铺贴厚度太大,或者加水量太高,均易导致瓷砖空鼓脱落。 (4) 如果大规格的瓷砖留缝过小,则热胀冷缩互相挤压后,也容易造成起翘、空鼓。

模块 二　360°瓷砖铺贴系统解决方案

续表

序号	命题	原因分析及处理措施
2	直接在原有的地砖上铺贴花岗石是否可行，有哪些注意事项？	（1）可行，可采用高柔性瓷砖胶进行薄贴。 （2）如果采用水泥砂浆铺贴，则地面的高度会抬高，这样需要考虑是否会影响到门的开启。另外，需要考虑原有的地砖与花岗石下的水泥砂浆粘结是否牢固。 （3）如果采用瓷砖胶铺贴，粘结剂的厚度会比水泥砂浆结合层的厚度小，对空间高度的影响也比较小，同时瓷砖胶应具有良好的柔性，以保证铺贴安全性。
3	无砂找平与传统水泥砂浆找平的区别？	与传统水泥砂浆相比无砂找平材料可以做3～50cm厚度，强度比水泥基自流平更高，是发泡水泥与自流平技术的完美结晶。其体系稳定、轻质抗压、隔声耐热、防潮抗渗，突破性解决了传统找平材料水泥河砂用量大，找平难度高，楼板载重高的技术难题，经久耐用、经济高效、绿色环保。
4	圆柱铺贴出现空鼓主要原因有哪些？如何解决？	主要原因是基层清理不干净，瓷砖胶选型与瓷砖不匹配；另一原因是过早投入使用，瓷砖胶未达到强度，受到外力振动，形成空鼓；同时，不正确的钢筋焊接容易导致柱体松动，也可造成空鼓。因此操作时要将基层清理干净，根据瓷砖类型，参考设计选材表，选择合适的瓷砖胶，严格按照技术规程进行施工，加强养护。

5. 计算题

序号	命题	计算分析过程
1	在一个房间内贴砖，根据设计要求需铺贴150mm×150mm的瓷砖面层，缝宽1.5mm，请计算每1平方米所用的瓷砖量。	$Q=\dfrac{1}{(a+a_r)(b+b_r)}$ 其中：Q为每平方米所用的瓷砖量，a、b为砖的长度、宽度，a_r、b_r为砖缝长度、宽度。 $Q=\dfrac{1}{(0.15m+0.0015m)(0.15m+0.0015m)}\approx 44$（块） 答：每1平方米所用的瓷砖量是44块。
2	某设计图纸的比例尺标注为1:100，其中卫生间墙面图纸标注宽度为30mm，请问实际墙面宽度为多少？	$30mm\times 100=3000mm\times 10^{-3}=3m$ 答：实际墙面宽度为3m。
3	某面积为20m²的空间，采用规格为120mm×120mm的瓷砖铺贴，请问一共需要多少片瓷砖？	瓷砖使用片数＝瓷砖铺贴面积（平方米）÷（单片瓷砖的长×单片瓷砖的宽） 使用片数＝20m²÷（0.12m×0.12m）＝1388.9片≈1389片 答：一共需要1389片瓷砖。
4	请写出套内建筑面积计算公式。	套内建筑面积＝套内使用面积＋套内墙体面积＋阳台建筑面积

模块三 特殊部位处理

学习目标

- 能够掌握特殊部位处理的工艺流程；
- 能够掌握特殊部位施工要点；
- 能够指导特殊部位现场施工及质量验收。

思维导图

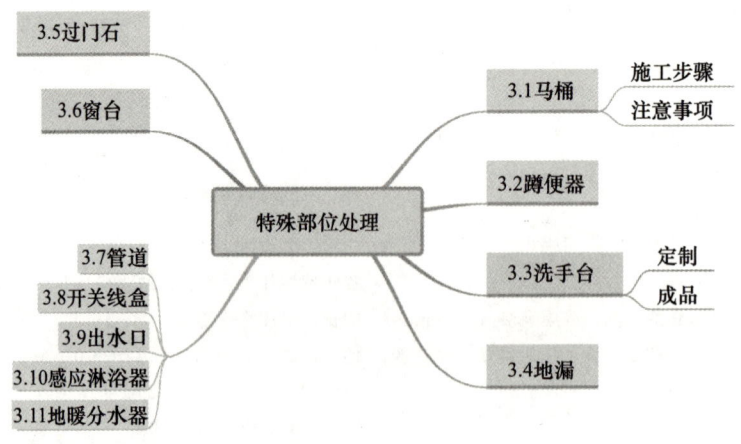

模块三 特殊部位处理

3.1 马　桶

3.1.1 施工步骤

与甲方或业主确认马桶孔距→测量马桶管道是否符合施工标准→瓷砖开孔及铺贴。

3.1.2 注意事项

1. 马桶孔距

马桶孔距是指铺贴瓷砖后，从墙到管道口中心的距离，如图 3-1 所示。目前国内大部分厂家的马桶标准孔距是 300mm 和 400mm 两种规格。

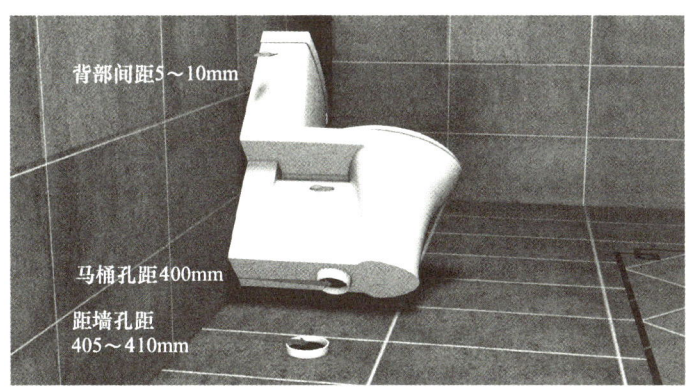

图 3-1　马桶孔距示意图

2. 马桶管道与墙面距离

瓷砖铺贴前，应与甲方确定马桶孔距规格，并在现场测量墙面基层距管道中心的实际距离是否符合要求。以 400mm 马桶孔距为例，如经过测量后，在方正平整基层情况下，从墙面基层到管道口中心的实际距离应为 430mm，多出的 30mm 为：瓷砖 12mm＋瓷砖胶 8mm＋马桶与墙面缝隙宽度 10mm，如图 3-2 所示。

（1）马桶孔距大于实际孔距会导致无法正常安装，100mm 内误差可通过移位器解决。

（2）马桶孔距小于实际孔距会导致安装后马桶与墙面缝隙过大，解决办法为 40mm 内可通过墙面抹灰加厚的方式解决，40～100mm 误差内可通过移位器解决。

图 3-2 马桶与墙面基层距离示意图

3. 马桶管道高度预留做法

(1) 使用卷尺测量管道高度，管口至地面的高度应不小于 150mm；若高度不足应在铺贴前告知甲方将管道加高，待接好后再施工该部位。

(2) 使用卷尺测量管道半径，进行瓷砖开孔时，所开孔洞的半径应大于管道半径 5mm，为密封胶密封预留空隙，并避免因为瓷砖铺贴后释放应力时挤压、破坏管道，如图 3-3 所示。

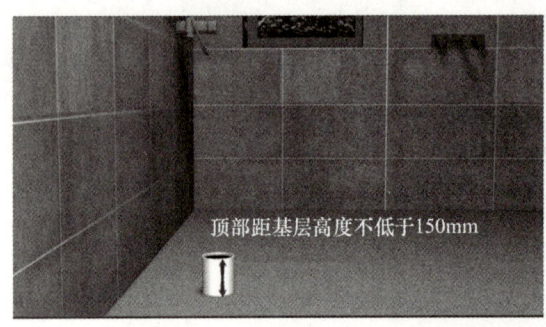 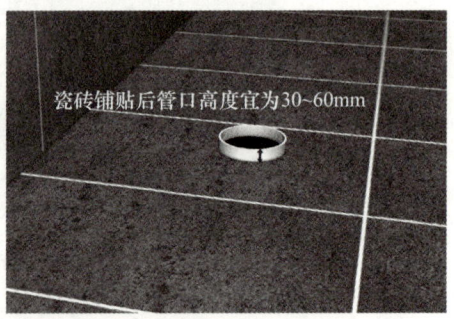

图 3-3 管道高度预留示意图

注：瓷砖铺贴时应保证管口高出瓷砖饰面 15mm 以上，以防管道口低于瓷砖饰面导致马桶无法安装。

3.2 蹲便器

蹲便器部位瓷砖铺贴重点为地面坡度和蹲便台安装后底部的牢固程度，如图 3-4 所示。地面坡度以蹲便器边缘向外 30cm 内排水坡度不小于 5%。

模块三　特殊部位处理

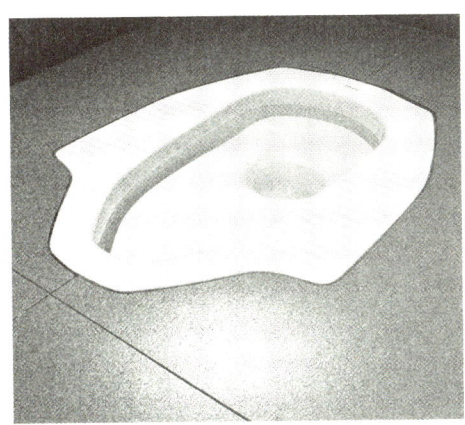

图 3-4　蹲便器

3.3　洗手台

3.3.1　定制

定制洗手台无须预留特定尺寸，铺贴及安装方式如图 3-5 所示。

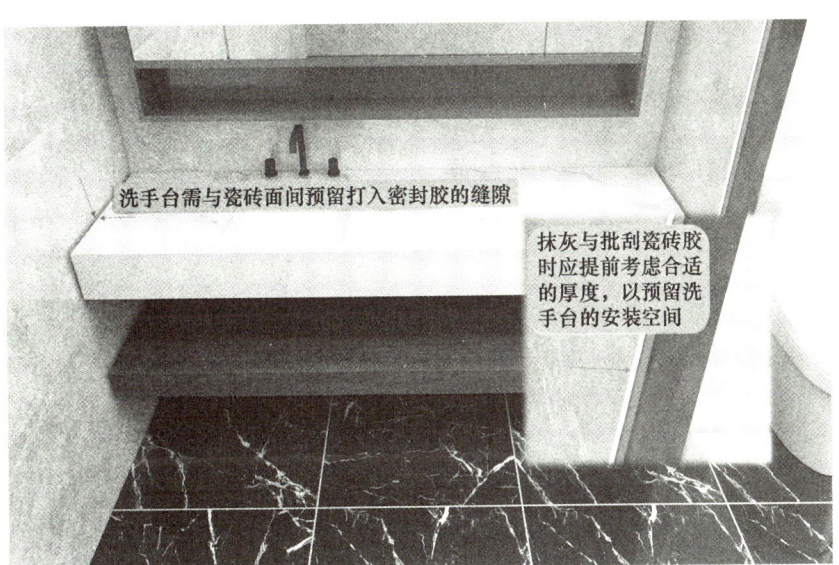

图 3-5　洗手台

3.3.2　成品

成品洗手台由于尺寸固定，对于特定位置瓷砖铺贴，可能会因尺寸不合适无法正常安装。建议铺贴前与设计师或甲方提前沟通确认尺寸，根据确认的尺寸适当调节瓷砖铺贴的厚度。

3.4 地 漏

瓷砖铺贴时应根据地漏的安装位置，确定切割方式和切割形状。常见的切割方式有套割（图3-6）、风车、回型（图3-7）等，可根据甲方需求进行调整。地漏边缘向外80~100mm之间排水坡度为1‰~2‰，且与瓷砖面层交接四周做倒角处理，地漏高度应低于周边面层5~10mm。

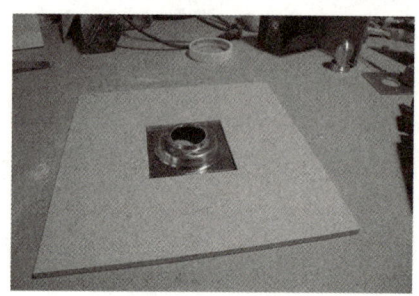
图3-6 地漏（套割）

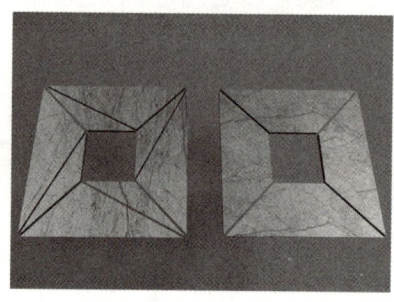
图3-7 地漏（风车、回型）

扫码学习
地漏开孔

3.5 过门石

过门石主要起挡水和装饰作用。

铺贴在卫生间时，主要作用为挡水，铺贴高度需高于卫生间地面瓷砖3mm以上。

铺贴在客厅或卧室时，主要作用为装饰，视与其交接的材料，判断是否留有高低差：

（1）当客厅及卧室地面采用地板时，则无须铺贴过门石。

（2）当客厅及卧室地面采用瓷砖时，需铺贴过门石，但无须留有高低差。

（3）当客厅采用瓷砖，卧室采用地板时，需铺贴过门石，且高于地板表面7mm以上，达到压住地板接缝的目的。

3.6 窗 台

操作工艺流程：定位与标线→墙面切割开槽→基层处理→窗台板安装调平。

1. 定位与标线

按照设计要求定位窗台板标高、位置，标示窗台板的标高、位置线、墙面开槽。依据定位标线使用切割机先进行开缝，再使用手动或电动工具开凿出不小于高30mm、深

50mm 的空间，使窗台板能够顺利入墙安装。开凿过程中应对窗框玻璃做保护措施，避免碰撞损坏，如遇窗框与墙体衔接处不易开缝开槽，可适当切割窗台板，如图 3-8 所示。

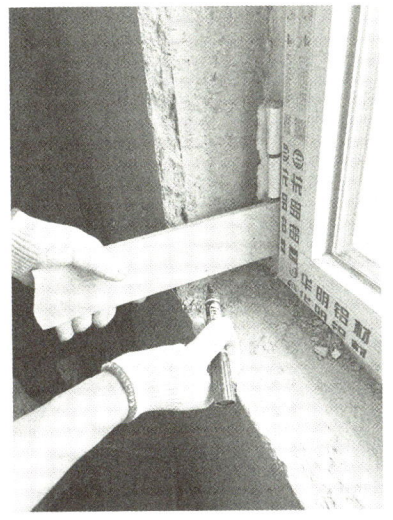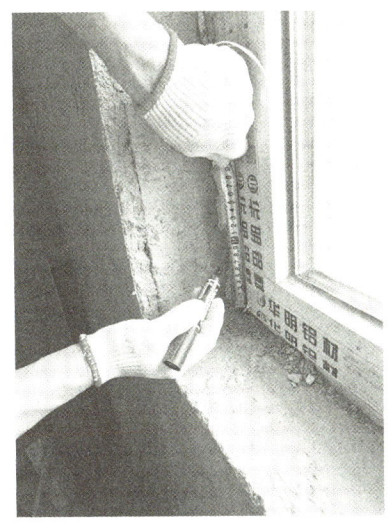

图 3-8　窗台板定位与标线

2. 墙面切割开槽

窗台板铺贴时，两头延长部分（挂耳）应埋入墙面抹灰层内，防止触碰断裂，埋置时应用切割机割好墙槽，用凿子剔除槽内渣土，并清理干净，如图 3-9、图 3-10 所示。

图 3-9　墙面切割开槽

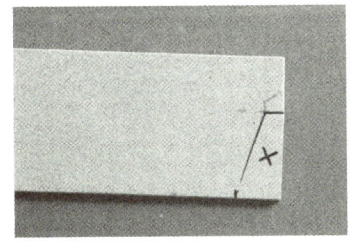

图 3-10　窗台板切角处理

3. 基层处理

基层应清理干净，高低不平处要先凿平和修补。基层应平整、无浮灰、无结块、无油渍，施工前用水湿润基层，如图 3-11 所示。

图 3-11　基层处理

4. 窗台板安装调平

窗台板出墙尺寸一致，安装位置居中，使用瓷砖胶铺贴，工具可选择橡胶槌或震动器，平整度检测使用的水平仪或水平尺，由横、纵两个方向进行检测，并及时调整。完成调整后将开槽部位进行填充密封。若窗台板为白色或浅白色石材时，应做好五面防护处理，并采用白色瓷砖胶铺贴，如图 3-12、图 3-13 所示。

图 3-12　窗台板安装调平

图 3-13　窗台板缝边处理

3.7 管　　道

管道包含厨房管道、卫生间管道和其他管道。

1. 厨房管道

厨房内有排烟管道、室外燃气机管道、下水管道。

2. 卫生间管道

卫生间内有排风管道、马桶管道、下水管道。

3. 其他管道

空调室外机管道。

以排烟管道为例，是排除厨房烟气的竖向管道制品，在冷热气流的交替循环下，极易产生形变，是最常见的掉砖部位。传统的排烟管道铺贴一般分为两种，一是通过排烟管道抹灰增加管壁厚度，二是将排烟管道管壁砌筑包裹，再进行铺贴。第二种方式具有一定的可靠性，但耗费工时，会压缩室内使用空间。

管道部位最佳铺贴方式为使用 C2S1 以上柔性瓷砖胶，直接进行薄贴法施工。

3.8 开关线盒

如同一空间内存在多个开关及线盒，且处于相近的水平位置时，铺贴前需校正至同一水平位置再进行切割，以保证美观，如图 3-14 所示。

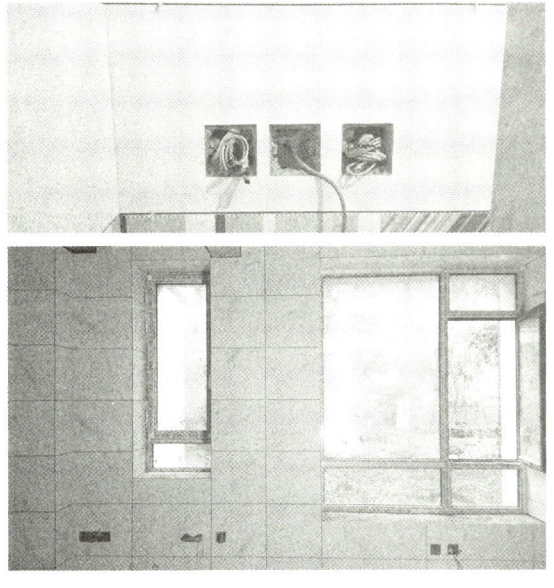

图 3-14　开关线盒处理

排版布砖时应注意避免开关和线盒开孔位置距离瓷砖边缘过近,以免造成断裂、崩瓷。

3.9 出水口

淋浴冷热水出水口、龙头位置不易调整,测量及开孔时需确保精确。若出水口距离铺贴面过深,或两个出水口位置不在同一水平线时,需校正后再测量、开孔,如图 3-15 所示。

图 3-15 出水口处理

扫码学习
淋浴出水口开孔

3.10 感应淋浴器

感应淋浴器安装应确保预埋配件平行于砖面,且正负误差不超过 2mm,要求设计高度定位准确。

3.11 地暖分水器

衔接地暖分水器墙地面的管道具有较大弧度,弯曲管道周边的瓷砖开口需预留 2cm 左右的空间。严禁将瓷砖切口边缘与该部位直接接触,避免温度变化产生形变,挤压损伤管道。

检查与评价

一、任务单

1. 判断（正确的打"√"，错误的打"×"）。

序号	命题	正确性
1	调平器底座应该安放在瓷砖边角 10～15cm 左右处。	
2	带地漏地面安装瓷砖时应进行找坡，为保证各个位置的水都能流入地漏中，坡度应设计为 1%～2%。	
3	瓷砖从基层位置空鼓脱落，原因是墙体疏松或者有浮灰未清理干净。	
4	为节省成本，可以将地暖分水器地面的管道与瓷砖切口边缘直接接触。	
5	铺设开关线盒前，不需校正处于相近的水平位置的多个线盒至同一水平位置再进行切割。	
6	窗台板平整度检测可使用水平仪或水平尺，由横、纵两个方向进行。	
7	铺贴卫生间门口过门石时，主要作用为挡水，铺贴高度需高于卫生间地面瓷砖 2mm 以上。	
8	当马桶孔距大于实际孔距，导致无法正常安装时，均可通过移位器解决。	
9	定制洗手台无须预留特定尺寸。	
10	感应淋浴器需保证预埋配件垂直于砖面，且正负误差不超过 2mm。	

2. 单选

序号	命题	在正确的选项内打"√"			
		A	B	C	D
1	当安装马桶时，可使用卷尺，测量管道高度，管口至地面的高度应不小于（　）。	50mm	100mm	150mm	200mm
2	衔接地暖分水器墙地面的管道与周边的瓷砖开口需预留（　）宽度。	1cm	2cm	3cm	4cm
3	感应淋浴器安装需保证预埋配件平行于砖面，且正负误差不超过（　），设计高度定位准确。	1mm	2mm	3mm	4mm
4	窗台板出墙尺寸一致，安装位置居中，使用瓷砖胶铺贴，工具可选择橡胶槌或振动器，平整度检测使用水平仪或水平尺，由（　）方向进行检测，并及时调整。	横	纵	横、纵	不需要
5	针对家装地暖部位，美缝剂施工完毕后应保证胶层厚度不低于（　）mm。	1	2	3	5

3. 简答

序号	命题	简答
1	马桶管道高度预留做法有哪些？	
2	简述过门石的主要作用。	
3	简述当客厅及卧室采用不同的铺贴材料时，衔接处应如何设计？	

二、分析评价

序号	评价指标	具体内容	分值	自评	教师评价
1	学习态度	能够自主学习，有强烈的求知欲、好奇心，积极参与项目活动； 能够积极主动地发现、提出并解决问题； 能够积极参与小组讨论、承担小组任务。	10		
2	学习成果	能够按时、按计划完成学习任务； 能够掌握特殊部位处理的工艺流程； 能够掌特殊部位施工要点； 能够指导特殊部位现场施工及质量验收。	20		
3	应用拓展	能够将项目成果学以致用，在真正使用的过程中进一步深化学习项目； 能够综合运用及掌握计算机、多媒体、摄影等现代技术解决问题； 具备创新意识，能够提出个性化观点。	10		
4	思政课堂	具备基本的语言表达和书面表达能力，能够清晰提出自己的观点； 遵守课堂纪律，自觉维护整理教学器材及用具； 具备环保意识，节约用电、用水、用纸意识； 具备合作意识，乐于贡献有效信息、共享资源。	10		
5	合计	100分（包含自评50分和教师评价50分）			

三、参考答案

1. 判断

序号	1	2	3	4	5	6	7	8	9	10
答案	√	√	√	×	×	√	×	×	√	×

2. 选择

序号	1	2	3	4	5
答案	C	B	B	C	C

3. 简答

序号	命题	简答
1	马桶管道高度预留做法有哪些？	(1) 使用卷尺测量管道高度，管口至地面的高度应不小于150mm；若高度不足应在铺贴前告知甲方将管道加高，待接好后再施工此部位。 (2) 使用卷尺测量管道半径，进行瓷砖开孔时，所开孔洞的半径应大于管道半径5mm，为密封胶预留空隙，并避免因为瓷砖铺贴后释放应力时挤压、破坏管道。
2	简述过门石的主要作用。	过门石主要用于挡水和装饰。
3	简述当客厅及卧室采用不同的铺贴材料时，衔接处应如何设计？	(1) 当客厅及卧室地面采用地板时，则无须铺贴过门石。 (2) 当客厅及卧室地面采用瓷砖时，需铺贴过门石，但无须留有高低差。 (3) 客厅采用瓷砖，卧室采用地板时，需铺贴过门石，且高于地板表面7mm以上，达到压住地板接缝的目的。

模块四 瓷砖铺贴施工质量验收

学习目标

- 能够掌握瓷砖铺贴的质量验收程序；
- 能够掌握主控项目验收要点，熟悉一般项目验收要点；
- 能够指导现场施工及质量验收；
- 学习者联系工程问题处理的方案，提高职业素养。

思维导图

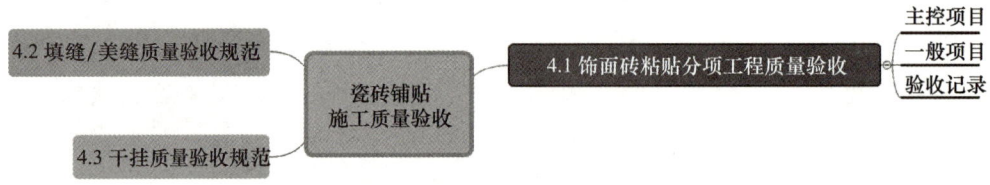

任务情境

4.1 饰面砖粘贴分项工程质量验收

饰面砖粘贴的允许偏差和检验方法见表 4-1。

表 4-1 饰面砖粘贴的允许偏差和检验方法

项目	允许偏差（mm）	检验方法
表面平整度	2	用 2m 靠尺和楔形塞尺检查
阴阳角方正	2	用直角检测尺检查
缝格平直	3	拉 5m 线和用钢尺检查
接缝高低差	0.5	用钢尺和楔形塞尺检查
板块间隙宽度	2	用钢尺检查
踢脚线上口平直度	3	拉 5m 线和用钢尺检查
踢脚线出墙厚度	2	用 2m 靠尺和楔形塞尺检查
楼梯踏步和台阶板块的缝隙宽度偏差	2	用钢尺检查

饰面砖粘贴验收标准见表 4-2。

表 4-2 饰面砖粘贴验收标准

标准号	标准名称
GB 50300	《建筑工程施工质量验收统一标准》
GB 50325	《民用建筑工程室内环境污染控制标准》
GB 50209	《建筑地面工程施工质量验收规范》
GB 50210	《建筑装饰装修工程质量验收标准》

4.1.1 主控项目

1. 饰面砖的品种、规格、图案、颜色和性能应符合设计要求。

（1）检验方法

观察；检查产品合格证书、进场验收记录、性能检测报告和复验报告。

（2）检查数量

按进场批次，每批随机抽取 3 个试样进行检查；质量证明文件应按照其出厂检验批进行核查。

地砖竣工后组织验收，首先检验是否符合建筑施工图设计要求，审核材料进场检验表，见表 4-3。

表 4-3　材料进场检验表

材料进场检验记录					编号		
工程名称					检验日期		
序号	名称	规格/型号	进场数量	厂家/品牌 证书编号	检验项目	检验结果	备注
1							
2							
3							
4							
5							
6							
7							
8							
9							
10							

检验结论：

签字栏	施工单位		专业质检员	
			专业工长	
	建设（监理）单位		专业工程师	

注：此表一式两份，施工单位留存一份，建设单位留存一份，如其他单位需要则相应增加。

2. 墙面陶瓷饰面粘贴工程的找平、防水、粘贴和填缝砂浆及施工方法应符合设计要求及国家现行标准和工程技术标准的规定。

检验方法：检查产品合格证书、复验报告和隐蔽工程验收记录。

按照国家标准要求进行验收。隐蔽工程验收记录见表 4-4。

表 4-4 隐蔽工程验收记录

装饰装修工程名称		项目经理	
分项工程名称		专业工长	
隐蔽工程项目			
施工单位			
施工标准名称及代号			
施工图名称及编号			
隐蔽工程部位	质量要求	施工单位自查记录	监理（建设）单位验收记录
施工单位自查结论	施工单位项目技术负责人： 年 月 日		
监理（建设）单位验收结论	监理工程师（建设单位项目负责人）： 年 月 日		

3. 陶瓷饰面砖粘贴必须牢固，大面和阳角应无空鼓，单块饰面砖边角允许局部空鼓；薄贴施工时每自然间的空鼓砖不应超过总数的 5%。

检验方法：检查施工记录；观察；用小锤轻击检查。

4.1.2 一般项目

1. 饰面砖、踢脚线表面应平整、洁净、色泽均匀，无裂痕、变色、泛碱和缺损的现象。

检验方法：观察。

2. 面层邻接处的镶边用料及尺寸应符合设计要求，边角整齐、光滑。

检验方法：观察；尺量检查。

3. 楼梯踏步和台阶板块缝隙宽度应一致，齿角整齐；楼层梯段相邻踏步高度差不应大于 10mm。

检验方法：观察；尺量检查。

4. 地面面层表面的坡度应符合设计要求，不倒泛水、无积水；与地漏、管道结合处应严密牢固，无渗漏。

检验方法：观察；坡度尺量检查。

5. 地面陶瓷饰面粘贴的允许偏差和检验方法符合表 4-1 的规定。

6. 细部构造表面处理，如图 4-1 所示。

图 4-1　表面处理

（1）阴阳角处搭接方式

瓷砖粘贴阴阳角必须用角尺检查，粘贴阳角需 45°碰角，碰角缝隙贯通。阳角 45°墙砖铺贴过程中，阳角之间空隙须使用瓷砖粘结剂填充饱满，严禁空鼓，破损、伤角需更换。瓷砖每一层铺贴完后，应使用瓷砖粘结剂将上部空隙填满，防止空鼓，避免后期安装外挂件打眼时将瓷砖损坏。阴、阳角及平面相邻边应处于同一水平高度，不应错缝，如图 4-2 所示。

图 4-2　阴阳角处搭接方式

(2) 凸出物处理（图 4-3）。

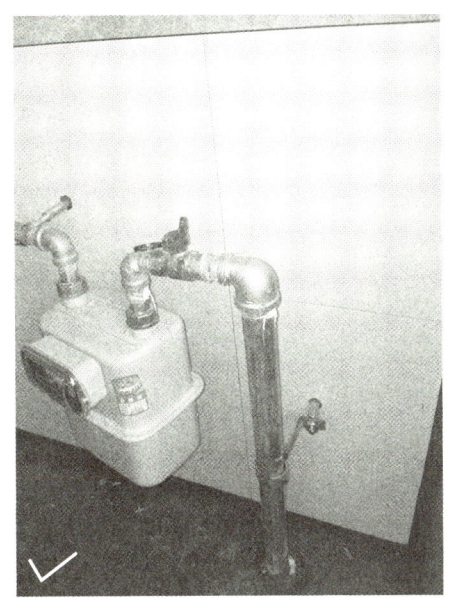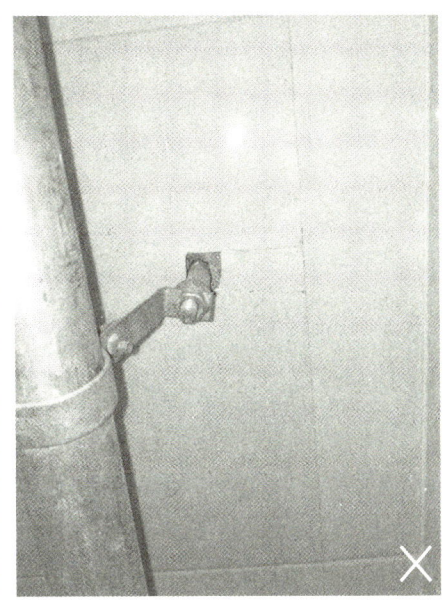

图 4-3　凸出物处理

(3) 接缝处理（图 4-4）

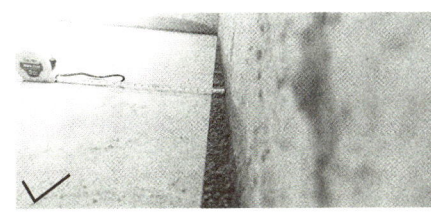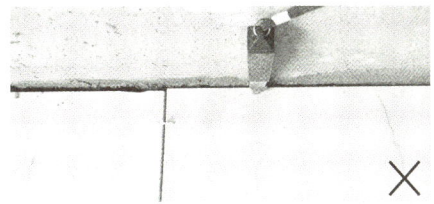

图 4-4　接缝处理

(4) 窗台处理（图 4-5）

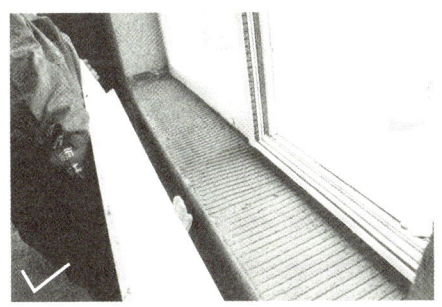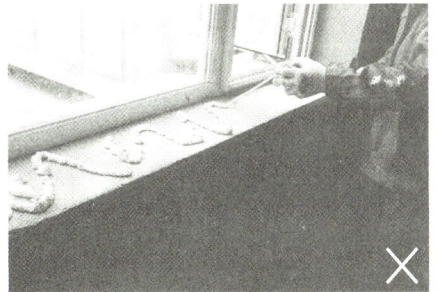

图 4-5　窗台处理

(5) 踢脚线

踢脚线用砖，一般采用与地面板材同品种、不同颜色、同规格的材料。踢脚线的砖间缝与地面砖间缝对缝铺贴，铺贴踢脚线出墙厚度和高度应符合设计要求，不应出现错缝铺贴。

检测内容：表面平整度允许偏差1mm；缝格平直方正允许偏差2mm；接缝高低差允许偏差0.5mm；踢脚线上口平直允许偏差1mm（图4-6）。

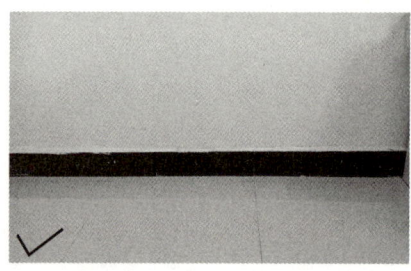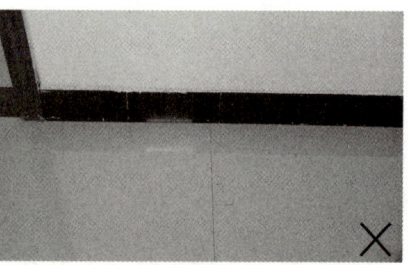

图4-6　踢脚线

(6) 相邻处

砖间相邻接缝应符合平、直整齐的标准要求，不应出现错缝不齐与高低差，相邻砖高差不得超过1mm（图4-7）。

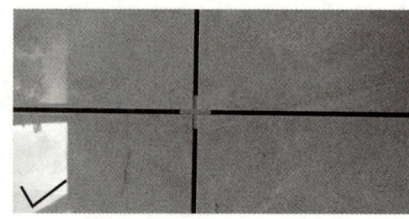

图4-7　相邻处

(7) 楼梯/台阶

检验标准：大理石所用的板块品种、规格、质量应符合设计要求。大理石厚度必须符合设计要求，踏步板厚度允许偏差±1mm，其他大理石允许偏差±1.5mm；表面应洁净、平整、无磨痕，且应图案清晰、色泽一致，接缝均匀，周边顺直，镶嵌正确，板块无裂痕、掉角、缺棱等缺陷；踢脚线表面应洁净、高度一致、结合牢固、出墙厚度一致；楼梯踏步和台阶的缝隙宽度应一致，齿角整齐，楼层梯段相邻踏步高度差不应大于4mm，防护条应顺直、牢固；面层表面的坡度应符合设计要求，不倒泛水，无积水，与管道结合处应严密牢固；板块间缝宽度允许偏差1mm（图4-8）。

图 4-8 相邻处铺贴

扫码学习
楼梯铺贴

(8) 地面

装饰效果的好坏，除了施工质量外，现场排砖合理与否是一个主要因素。不管操作者技术如何熟练，在阴阳角等部位都会经常出现小于半块砖的窄条，影响装修的整体效果。因此，要想取得好的效果，必须在施工前进行饰面砖的排砖计算，通过设置合理的起铺点，协调各部分尺寸，选出最佳的排砖效果。

尽量做到：原则上除不规则部位，尽量用整砖；铺砖时减少裁砖，非整砖不得使用小砖；瓷砖压向要求门口处正视；侧墙压横墙；如果在一个施工面确实出现无法避免的小于 1/3 块的小条砖时，应将一块小条砖加一块整砖的尺寸平均后切成两块大于 1/2 的非整砖排列在两边的阴阳角部位，并且位置要对称（图 4-9）。

图 4-9 地面铺贴

(9) 铺贴效果检查

利用激光水平仪等进行铺贴效果检查（图 4-10）。

图 4-10 铺贴效果检查

4.1.3 验收记录

工程验收记录见表 4-5。

表 4-5 工程验收记录表

工程名称		结构类型		层数/建筑面积	
施工单位		设计师		开工日期	
项目经理		施工技术负责人		竣工日期	

序号	项目	验收记录	验收结论
1	分部工程	共____分部，经查____分部符合标准及设计要求	
2	质量控制资料核查	共____项，经审查符合要求____项，经核定符合规范要求____项	
3	安全和主要使用功能核查及抽查结果	共核查____项，符合要求____项，共抽查____项，符合要求____项，经返工处理符合要求____项	
4	观感质量验收	共抽查____项，符合要求____项，不符合要求____项	
5	综合验收结论		

参加验收单位	建设单位	监理单位	施工单位	设计单位
	（公章） 单位（项目）负责人 年 月 日	（公章） 施工监理负责人 年 月 日	（公章） 单位负责人 年 月 日	（公章） 单位（项目）负责人 年 月 日

4.2 填缝/美缝质量验收规范

填缝质量验收主要依据《美缝剂应用技术规程》(T/CECS 548—2018)进行。适用于墙面和地面瓷砖安装用的填缝剂,包括所有水泥基填缝剂(CG)和反应型树脂填缝剂(RG)。其验收标准要求主要为:表面平整,不能露出瓷砖缝隙边缘;无较大色差,不能有水纹、色彩凝聚、颜色混浊、透色等缺陷;不沾污瓷砖表面,缝隙边缘干净,无色料。

4.3 干挂质量验收规范

1. 石材验收主要内容

材料进场要对每块石材进行验收,认真检查材料的规格、型号是否正确,与料单是否相符,是否有破碎、缺楞、掉角、暗痕、裂纹、局部污染、表面洼坑、麻点,有无风化、边角垂直,并进行平整度测量,对存有上述明显缺陷和隐伤的要挑出单独码放,不得使用。

石材堆放地要夯实,垫10cm×10cm通长方木,让其高出地面8cm以上,方木上最好钉上橡胶条,让石材按75°角立放斜靠在专用的钢架上,每块石材之间要用塑料薄膜隔开靠紧码放。

2. 搭设脚手架主要验收内容

采用钢管扣件搭设双排脚手架,要求立杆距墙面净距不小于500mm,短横杆距墙面净距不小于300mm,架体与主体结构连接锚固牢固,架子上下满铺跳板,外侧设置安全防护网。

3. 石材表面处理主要验收项目

用石材护理剂进行石材六面体防护处理。此工序必须在无污染的环境下进行,将石材平放于木方上,用羊毛刷蘸上防护剂,均匀涂刷于石材表面,涂刷必须到位。第一遍涂刷完间隔24小时后用同样的方法涂刷第二遍石材防护剂,间隔48小时后方可使用。外墙面干挂石材允许偏差和检验方法见表4-6。

表4-6 外墙面干挂石材允许偏差和检验方法

项次	项目	允许偏差 (mm)		检验方法
		光面	粗面	
1	立面垂直	2	3	用2m垂直检测尺检查
2	表面平整	2	3	用2m靠尺和塞尺检查
3	阳角方正	2	4	用20cm方尺和塞尺检查

续表

项次	项目	允许偏差（mm）		检验方法
		光面	粗面	
4	接缝平直	2	4	用5m小线和钢直尺检查
5	墙裙上口平直	2	3	用5m小线和钢直尺检查
6	接缝高低	1	2	用钢板短尺和塞尺检查
7	接缝宽度	1	2	用钢直尺检查

检查与评价

一、任务单

1. 判断（正确的打"√"，错误的打"×"）。

序号	命题	正确性
1	砖间相邻接缝应符合平、直整齐的标准要求，不应出现错缝不齐与高低差，相邻砖高差不得超过2mm。	
2	踢脚线用砖，一般采用与地面板材同品种、不同颜色、同规格的材料。	
3	地面陶瓷饰面平整度的检测方法是通过直角检测尺检查。	
4	踢脚线上口平直度的允许偏差为0.3cm以内。	
5	验收记录表应包含检验批和专项工程的检验记录情况。	
6	验收记录表需五方责任主体负责人签字并加盖公章。	
7	楼梯踏步和台阶板块的缝隙宽度偏差使用2m靠尺和楔形塞尺检查。	
8	墙面瓷砖铺贴分项工程的质量验收按进场批次，每批随机抽取3个试样进行检查。	
9	墙面瓷砖铺贴时，阴阳角、平面相邻边应处于同一水平高度，不应错缝。	
10	外墙面干挂石材允许偏差及阳角方正应使用200mm方尺和塞尺检查。	

2. 单选

序号	命题	在正确的选项内打"√"			
		A	B	C	D
1	实际工程中一般利用（　　）等进行铺贴效果检查。	直角尺	激光水平	楔形塞尺	平行尺
2	楼梯/台阶检验标准中规定板块间缝宽度允许偏差为（　　）。	1mm	2mm	3mm	4mm
3	楼梯踏步和台阶的缝隙宽度应一致，齿角整齐，楼层梯段相邻踏步高度差不应大于（　　）。	2mm	3mm	4mm	5mm

续表

序号	命题	在正确的选项内打"√"			
		A	B	C	D
4	瓷砖粘贴阴阳角必须用角尺检查，粘贴阳角需（　）碰角，碰角缝隙贯通。	30°	45°	60°	90°
5	干挂石材搭设脚手架采用钢管扣件搭设（　）脚手架。	单排	悬吊式	满堂式	双排

3. 简答

序号	命题	简答
1	地砖铺设的质量验收标准是什么？	
2	干挂石材表面处理主要验收项目有哪些？	
3	填缝质量验收标准有哪些？	

二、分析评价

序号	评价指标	具体内容	分值	自评	教师评价
1	学习态度	能够自主学习，有强烈的求知欲、好奇心，积极参与项目活动； 能够积极主动地发现、提出并解决问题； 能够积极参与小组讨论、承担小组任务。	10		
2	学习成果	能够按时、按计划完成学习任务； 能够掌握瓷砖镶贴的质量验收程序； 能够掌握主控项目验收要点，熟悉一般项目验收要点； 能够指导现场施工及质量验收。	20		
3	应用拓展	能够将项目成果学以致用，在真正使用的过程中进一步深化学习项目； 能够综合运用及掌握计算机、多媒体、摄影等现代技术解决问题； 具备创新意识，能够提出个性化观点。	10		

续表

序号	评价指标	具体内容	分值	自评	教师评价
4	思政课堂	具备基本的语言表达和书面表达能力，能够清晰提出自己的观点； 遵守课堂纪律，自觉维护整理教学器材及用具； 具备环保意识，节约用电、用水、用纸意识； 具备合作意识，乐于贡献有效信息、共享资源。	10		
5	合计	100分（包含自评50分和教师评价50分）			

三、参考答案

1. 判断

序号	1	2	3	4	5	6	7	8	9	10
答案	×	√	×	√	×	√	×	√	√	√

2. 选择

序号	1	2	3	4	5
答案	B	A	C	B	D

3. 简答

序号	命题	简答
1	地砖铺设的质量验收标准是什么？	地砖缝格是否均匀，缝格通常为1mm，具体检查项目如下： (1) 地砖装修铺贴质量主要看砖与砖间接缝高低是否大于0.5mm。 (2) 整体表面的平整度在2m范围内是否大于2mm，接缝平直度在5m范围内是否超过3mm。
2	干挂石材表面处理主要验收项目有哪些？	用石材护理剂进行石材六面体防护处理。此工序必须在无污染的环境下进行，将石材平放于木方上，用羊毛刷蘸上防护剂，均匀涂刷于石材表面，涂刷必须到位，第一遍涂刷完间隔24小时后用同样的方法涂刷第二遍石材防护剂，间隔48小时后方可使用。
3	填缝质量验收标准有哪些？	表面平整，不能露出瓷砖缝隙边缘，无较大色差，不能有水纹、色彩凝聚、颜色混浊、透色等情况；不沾污瓷砖表面，缝隙边缘干净，无色料。

模块五 常见质量问题及解决方法

学习目标

- 能够掌握瓷砖胶的选择及常见问题的处理；
- 能够处理瓷砖铺贴过程中及施工后出现的问题；
- 能够处理美缝施工时出现的问题；
- 通过对瓷砖常见问题处理的学习，提高学习者分析解决实际工程问题的能力，提升职业能力。

思维导图

```
                                          ┌─ 5.1 瓷砖铺贴材料常见问题
    5.4 美缝施工时常见问题 ──┐             │
                            ├─ 常见质量问题 ─┼─ 5.2 瓷砖铺贴施工时常见问题
                            │   及解决方法  │
    5.5 美缝/填缝施工后常见问题┘             └─ 5.3 瓷砖施工后常见问题
```

任务情境 >>>

5.1 瓷砖铺贴材料常见问题

1. 瓷砖胶质量判断

通过以下几个方面判断瓷砖胶的质量：

（1）从正规渠道购买正规品牌厂家生产的瓷砖胶；确认包装上是否有明确的产品执行标准、合格证标识以及环保标识（图5-1）；厂家是否能够提供由专业检测机构出具的产品检测报告（图5-2、图5-3）。

图5-1　环保标识

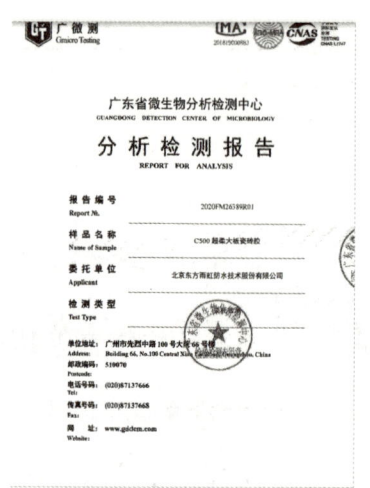 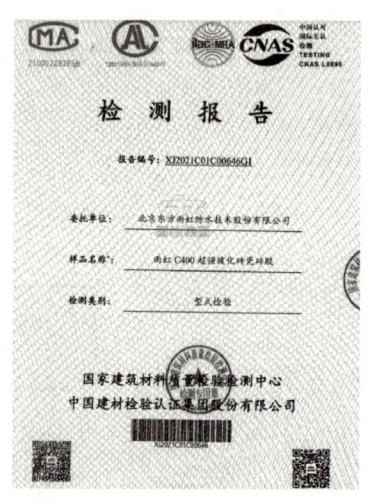

图5-2　环保检测　　　　　　　　图5-3　质量检测

（2）优质的瓷砖粘结剂，包装整洁（图5-4），无漏粉、缺斤短两现象；加水搅拌后，呈均匀稠浆状，用抹灰刀挑起时无滑落；同时，保水性优异（图5-5），用纸包裹无明显渗水（图5-6为瓷砖胶不保水）现象。

图 5-4　包装整洁

图 5-5　瓷砖胶保水　　　图 5-6　瓷砖胶不保水

（3）优质的瓷砖胶施工滑爽，用齿形抹刀梳理后，饱满均匀。

（4）优质的瓷砖胶粘结牢固，现场测试拉拔强度时能够满足相关标准要求。

2. 瓷砖胶受潮结块问题及处理

瓷砖胶受潮结块（图 5-7）是指由于储存环境湿度大或包装气密性差导致的产品质量问题，表现为材料中存在用手无法轻易捏碎的硬块。受潮结块的瓷砖胶严禁继续使用。

图 5-7　瓷砖胶受潮结块

3. 瓷砖胶板结问题及处理

瓷砖胶板结（图 5-8）是指经长期储存，位于托盘下方的瓷砖胶被过度压实所表现出来的一种状态，产品能够轻松恢复为粉料状态，无硬结块。板结后的瓷砖胶经处理恢复无结块粉状后可以继续使用。

图 5-8 瓷砖胶板结

4. 错位选材导致的瓷砖空鼓脱落问题及处理

瓷砖胶选材错误是导致瓷砖空鼓脱落的常见原因。施工者应根据基层类型及瓷砖大小、吸水率，参考《360°瓷砖铺贴系统选材要求》，选择合适瓷砖胶进行薄贴法施工。

5. 在瓷砖胶执行标准中，C1、C2、C2ES1 各字母及数字的意义

C——水泥基瓷砖胶；R——反应型树脂基瓷砖胶；1——普通瓷砖胶；2——增强型瓷砖胶；T——抗滑移；E——延长晾置时间；S1——柔性；S2——高柔性。

5.2 瓷砖铺贴施工时常见问题

1. 找平层施工后多久可以铺贴瓷砖

找平层施工后（图 5-9）一般需要养护 7 天以上，才可以进行瓷砖铺贴施工。

2. 瓷砖胶施工时，出现拉槽不均匀（图 5-10）现象的原因及解决方案

原因分析：①基层不平整；②批刮的瓷砖胶厚度不够，导致瓷砖胶拉槽不均匀（图 5-10）；③未及时清理齿形抹刀齿孔中已干结的瓷砖胶；④拉槽时齿形抹刀与基层夹角过小。

解决方案：①进行基层找平；②增加批刮瓷砖胶厚度，使胶层达 5~8mm；③用铲刀清理齿形抹刀尺孔；④拉槽施工时齿形抹刀与基层夹角应在 60°左右。

图 5-9 找平层施工

图 5-10 拉槽不均匀

3. 烟道等薄壁结构表面瓷砖易出现空鼓的原因及解决方案

原因分析：由于烟道部位长期处于冷热交替环境，变形极大，同时结构为薄壁结构，受环境震动影响大，所以极易出现瓷砖空鼓现象（图 5-11）。

图 5-11 烟道空鼓

解决方案：①在转角处预留合理的瓷砖接缝，不宜密拼或压砖，为达到美观效果，可使用适宜的转角收口线条进行收口处理；②在烟道外用找平砂浆＋钢丝网或网格布做抹灰处理；③使用C2S1级以上的柔性瓷砖胶在烟道部位进行瓷砖薄贴施工。

4. 明显变稠或干固后的瓷砖胶如何处理

瓷砖胶稠度大幅度上升或出现干固现象，表明瓷砖胶已形成部分水化产物和结构，如二次加水搅拌，会破坏已形成的结构，导致强度下降，应严禁使用（图5-12、图5-13）。

图5-12　瓷砖胶表皮干燥

图5-13　瓷砖胶加水再次搅拌

5. 瓷砖胶搅拌时的常见问题

（1）瓷砖胶应使用电动搅拌器进行搅拌。搅拌时可参考包装说明中的用水量比例，先加水然后边搅拌边倒入粉料，先搅拌2～3分钟，静置熟化3～5分钟，然后再搅拌1～2分钟，搅拌后的瓷砖胶呈膏状，用抹灰刀挑起无滑落即为最佳状态。

（2）若加水量过大，瓷砖胶干燥慢，贴砖时易下滑。

（3）若加水量过少，贴砖时会出现"虚粘"现象；后期因瓷砖胶水化不完全，导致粘结强度低，会出现瓷砖空鼓脱落现象。

5.3　瓷砖施工后常见问题

1. 瓷砖胶施工后出现不干或干燥慢现象的原因及解决方案

施工完毕后，一周左右瓷砖胶粘结层仍未完全干燥，粘结层为半干半湿状态。

原因分析：①瓷砖胶配比错误，加水量远远超过包装建议值，延缓瓷砖胶干燥时间；②瓷砖胶粘贴过厚；③施工温度低于5℃。

解决方案：①按包装建议值控制加水量；②使用薄贴法施工（建议5～8mm），瓷砖留缝1.5mm以上；③施工温度为5～35℃（如施工环境温度低于5℃，等待环境温度满足要求后再进行施工)。

2. 瓷砖铺贴后出现起翘不平、釉面开裂现象的原因及解决方案

原因分析：①瓷砖铺贴系统存在较大的收缩应力，由于受基层变形、粘结层水化收缩（当采用素水泥铺贴瓷砖或瓷砖粘结层厚度太厚，收缩应力会明显增大），以及在温度和湿度变化过程中引起的热胀冷缩或湿胀干缩的影响，如果瓷砖铺贴时不留缝或留1mm以下的线缝时，易出现"崩瓷、空鼓、掉砖"等质量问题；②瓷砖尺寸存在误差或瓷砖质量差：尽管目前瓷砖都是机械化生产，但是在生产过程中依然会存在一定的尺寸误差，如果不留缝的话，瓷砖铺贴时易出现接缝不平整现象，同时，如果瓷砖自身质量较差，也容易引起釉面开裂的现象。

解决方案：选择品牌厂家质量优异的瓷砖，且在铺贴时合理设置砖缝，室外不低于5mm，室内不低于1.5mm。

3. 脱模剂引起的瓷砖空鼓脱落现象的原因及解决方案

原因分析：瓷砖脱模剂为粉末状惰性材料，相当于一道隔离层，没有粘结性，不清理或清理不干净易导致瓷砖空鼓脱落（图5-14）。

图5-14 脱模剂引起的掉砖

解决方案：将瓷砖背面脱模剂用湿抹布擦拭干净，较难清理的脱模剂可使用钢丝刷或砂纸进行打磨清理。

4. 基层或防水层处理不当引起空鼓掉砖问题的原因及解决方案

原因分析：①基层强度低（抗拉强度不足0.4MPa），导致粘结层及防水层与其粘结不牢，造成空鼓掉砖；②原腻子层未铲除干净，导致拉毛层或抹灰层与其粘结不牢，造成空鼓掉砖；③防水层涂刷过薄，导致防水涂膜自身强度低，粘结层过厚产生的收缩应力较大，易造成空鼓掉砖。

解决方案：①基层的抗拉强度小于0.4MPa时，应进行加强处理；②基层表面起砂起灰时，使用界面剂（俗称加固剂）套胶增强处理；③原腻子层需铲除干净，再做拉毛抹灰处理；④防水涂料涂刷前使用加固剂套胶加固封闭基层，防水层薄涂多遍，达到设计厚度（建议墙面1.2mm、地面1.5mm）。

5. 瓷砖胶使用不当引起的空鼓掉砖的原因及解决方案

原因分析：①瓷砖胶添加水泥黄砂使用，降低其粘结性能；②将瓷砖胶当做抹灰找平砂浆使用，厚度大于8mm时干燥速度慢，影响后期整体施工效率，且容易开裂空鼓；③将瓷砖胶当做背胶使用，批刮过薄，整体粘结强度降低，粘结层收缩应力大于薄批瓷砖胶抵抗破坏的能力；④瓷砖胶与瓷砖错位使用；⑤未根据基层及瓷砖吸水率和规格尺寸的不同，选择合适的瓷砖胶，导致瓷砖超过瓷砖胶适用范围。

解决方案：①瓷砖胶严禁添加水泥黄砂；②瓷砖胶为粘结材料，不建议用于抹灰找平；③瓷砖胶不可当作背胶使用；④瓷砖胶应严格按照包装应用范围铺贴瓷砖；⑤根据瓷砖吸水率、规格尺寸的不同，选择合适的瓷砖胶。

6. 施工工法不当引起的空鼓掉砖的原因及解决方案

原因分析：①胶浆厚薄不均匀，瓷砖胶粘贴过厚（8mm以上），满粘率低，导致收缩应力过大（图5-15）；②瓷砖粘贴未留缝，在瓷砖胶硬化过程中收缩应力无法释放，导致空鼓（图5-16）。

图5-15 厚贴掉砖

图5-16 未留缝导致空鼓

解决方案：①粘结层厚度建议8mm以内，粘贴时墙面先拉槽，砖背面涂抹时应先用力薄批一层；②瓷砖粘贴时建议预留缝1.5mm以上。

5.4 美缝施工时常见问题

1. 美缝剂施工时出现流挂现象的原因及解决方案

原因分析：①产品施工时，余边料过多（图5-17），会出现流挂现象；②产品超过质保期，产品触变性会降低，立墙使用会出现流挂现象；③所购买产品为小厂家非标产品，产品触变性差，易产生流挂现象。

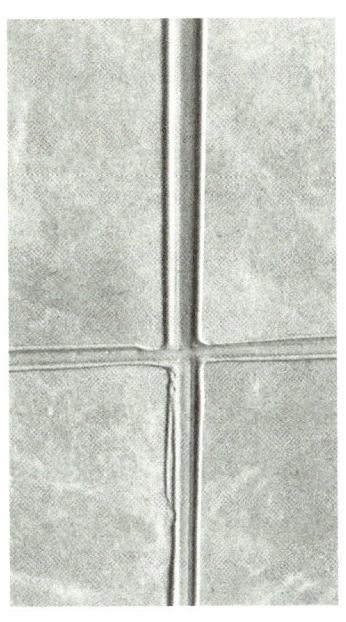

图5-17　美缝剂偏稀、余边料过多

解决方案：①选择品牌厂家性能优越的美缝剂产品；②购买时，查看产品是否在质保期内；③控制胶管切口尺寸及施工时的速度，避免堆料导致余边料过多。

2. 美缝剂施工时出现"爆管"现象的原因及解决方案

原因分析：①所购买产品为非正规厂家产品，胶管壁厚不足或不均匀，易导致施工时出现爆管现象；②产品在运输或使用时受到严重磕碰，导致瓶管受损，出现漏料；③冬季施工时，环境温度低于10℃，未采取加热处理，强行施工会导致爆管；④使用电动胶枪7挡及以上高挡位施工时，易出现爆管现象。

解决方案：①购买品牌厂家满足标准要求的产品；②当环境温度低于10℃，黏度变大，需要加温处理，方法为用40～50℃温水或加温包加热10分钟，同时将胶枪的挡位控制在5挡及以下。

5.5　美缝/填缝施工后常见问题

1. 填缝剂施工后表面出现白色物质（图5-18）的原因及解决方案

原因分析：①施工温度过低；②施工环境湿度过大；③材料搅拌不均；④成品保护不到位。

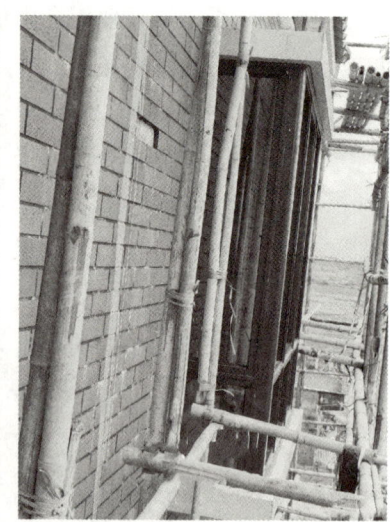

图 5-18　填缝剂泛碱，出现白色物质

解决方案：①施工温度不低于 5℃；②室外避免雨天施工；③使用大功率电动搅拌器搅拌；④7 天养护期内不得被水浸湿；⑤避免在瓷砖胶未完全干固前填缝；⑥外墙贴砖时，在进行钻孔、安装雨水管及挂件等施工后，应及时对连接部位进行防水密封处理。

2. 美缝剂施工后出现不干现象的原因和解决方案

美缝剂施工后出现不干现象主要由于材料混合不均导致。美缝剂属于双组分反应型材料，由树脂及固化剂组成，当树脂和固化剂混合不均、反应不充分时易导致出现不干现象。

原因分析：①美缝剂施工准备时，胶管前端材料遗弃不够，前端 20cm 挤出料出现混合不均的概率较大；②胶枪使用时间过长，手动胶枪因安装工艺简单，长时间使用容易导致胶枪推杆不平衡，出现美缝剂 A、B 料出料不均匀现象；③胶管安装不正确，胶枪推杆由主推杆和辅助推杆组成，因固化剂胶体黏度比树脂胶体黏度大，反面安装会导致固化剂出料比树脂快，导致混合不均；④美缝剂施工时，遇到气泡未回枪，以及美缝剂灌装时不能完全将空气抽空，会导致胶体有气泡。

解决方案：在施工结束，美缝剂初步固化时，用手检查是否有不干区域，将局部不干部位清除，重新补涂施工。

3. 美缝剂在阳台施工后，两周后出现了"变黄"现象的原因及解决方案

环氧美缝剂的主要组成为环氧树脂及固化剂，环氧树脂在紫外线的长期照射下，易氧化引起黄变。

原因分析：环氧美缝剂应避免用于室外阳光直射区域，浅色系美缝剂除严禁室外使

用，也不建议用于阳台、露台等阳光长期照射区域，紫外线越强，浅色系美缝剂变黄速度越快。

解决方案：室外或阳台等阳光长期照射的区域，优先推荐选择耐候性优异的聚脲美缝剂，阳台等小平米空间也可选择深色系环氧美缝剂。

4. 美缝剂施工固化后，表面出现了泛白现象的原因及解决方案

原因分析：①低温高湿（尤其当温度低于10°、湿度超过70%时）环境施工，极容易导致美缝剂固化过程中泛白；②缝隙潮湿，水分随着水蒸气蒸发，也会造成美缝剂出现发白、鼓泡的现象。

解决方案：①对于已经泛白的产品，泛白轻微时（用湿布擦拭，可短暂恢复）用专用助剂擦拭，可恢复；②对于已经泛白，用湿布擦不掉的泛白部位，需铲除后重新施工。瓷砖铺贴完成后14天后方可进行美缝施工，低温高湿的环境，通过通风降低湿度，方可施工，湿度建议不高于65%。因此，产品在高湿气候条件下施工，应给予特别关注。

5. 美缝剂施工后透底，不能遮盖底部颜色的原因及解决方案

原因分析：材料施工厚度不足2mm，导致无法遮盖底部颜色。

解决方案：铲除后进行清缝处理，缝深保持在2～3mm，然后再重新施工。

6. 美缝剂施工后，部分位置出现气泡、鼓包现象的原因及解决方案

原因分析：①产品施工完成后，来回反复压缝，易导致带入空气，出现气泡或鼓包现象，施工时应避免反复压缝；②瓷砖粘结层未完全干燥，受水气蒸发影响，材料厚度不足时会出现气泡、鼓包现象；③冬季美缝剂加热温度过高，会导致气泡。

解决方案：将气泡、鼓包部位铲除后重新施工。

7. 美缝剂施工后出现了色差问题的原因及解决方案

原因分析：①产品施工时间不一致，浅色系产品施工间隔周期长，会出现明显色差；②不同批次、同一色号产品之间会有轻微色差，不影响装饰效果；③如产品施工后，存在肉眼可见的极为明显的色差，则为产品质量问题。

解决方案：①因施工间隔时间引起的色差，无须处理，养护一段时间后，颜色会恢复一致；②因产品之间存在极为明显色差，导致施工后装饰效果不佳，需要用热风枪加热铲除后重新施工。

检查与评价

一、检查

1. 判断（正确的打"√"，错误的打"×"）。

序号	命题	正确性
1	使用瓷砖胶或水泥砂浆施工时，瓷砖和基底都必须预先浸泡或者润湿。	
2	使用瓷砖胶铺贴前，瓷砖不应浸水湿润，但应使用钢丝刷除去砖背上的松散物质（如辊道防粘剂的残留物），并用湿布抹去砖背的浮尘。	
3	使用瓷砖胶组合法贴砖时，砖背面与基层面的瓷砖胶拉槽方向应相互平行。	
4	瓷砖对尺寸和表面质量方面的产品性能要求有以下几项：长度、宽度、厚度、直边度、直角度、表面平整度。	
5	瓷砖饰面系统真正需要明确的是基体在其特定的服务环境中所承受的载荷种类，其中包括：外部载荷、单向内部载荷、循环内部载荷。	
6	为了防止污染，瓷砖应在原包装中存放于干燥、坚实、平整的场地上，堆积高度不宜超过3层。	
7	瓷砖铺贴上墙后，需要震实，目的是排出槽内空气，使瓷砖满粘。	
8	在贮存过程中可以将瓷砖胶和填缝剂直接放在混凝土或泥土地面上。	
9	瓷砖铺贴时允许的可调整时间为20~30分钟，超过允许调整的时间后，严禁移动瓷砖。	
10	瓷砖缝隙太浅直接施工美缝剂，会造成美缝剂粘结不牢，有脱落风险。	

2. 单选

序号	命题	在正确的选项内打"√"			
		A	B	C	D
1	瓷砖胶标准化施工工序为：基层处理后界面处理→（　）→按包装说明加水→加入瓷砖胶→第一次搅拌→（　）→（　）→（　）→瓷砖背面清理→当瓷砖尺寸≥300mm×300mm时需在瓷砖背面涂抹瓷砖胶→贴砖及柔压找平→瓷砖无法移动后清理瓷砖表面→等待一段时间后进行下一步填缝施工。	找平找方正；等待3~5分钟；第二次搅拌；第一次批刮进行打底	等待3~5分钟；第二次搅拌；第一次批刮进行打底；找平找方正	找平找方正；第一次批刮进行打底；等待3~5分钟；第二次搅拌	第一次批刮进行打底；找平找方正；等待3~5分钟；第二次搅拌

续表

序号	命题	在正确的选项内打"√"			
		A	B	C	D
2	瓷砖胶需要在（ ）小时内使用完，已干固的胶浆（ ）使用。	2,可以再次搅拌	1,不得再次搅拌	2,不得再次搅拌	2,可以再次搅拌
3	瓷砖胶属于哪种类型的粘结剂（ ）？	水泥基胶粘剂	膏状乳液胶粘剂	反应型树脂胶粘剂	背胶
4	美缝施工时，混合棒尽可能与瓷砖面呈（ ）角以便美缝剂能充满缝隙，保证瓷砖缝隙填充均匀饱满。	30°	45°	60°	90°
5	瓷砖胶每平方米每毫米的用量大致是（ ）kg。	1	1.5	2	2.4

3. 简答

序号	命题	简答
1	简述厨房卫生间铺贴瓷砖后的注意事项。	
2	简述瓷砖空鼓率的验收标准。	
3	简述冬季铺贴瓷砖时容易导致的问题及注意事项。	

二、分析评价

序号	评价指标	具体内容	分值	自评	教师评价
1	学习态度	能够自主学习，有强烈的求知欲、好奇心，积极参与项目活动；能够积极主动地发现、提出并解决问题；能够积极参与小组讨论、承担小组任务。	10		
2	学习成果	能够按时、按计划完成学习任务；能够掌握瓷砖胶的选择及常见问题的处理；能够处理瓷砖施工后出现的问题；能够处理美缝施工出现的问题。	20		

续表

序号	评价指标	具体内容	分值	自评	教师评价
3	应用拓展	能够将项目成果学以致用，在真正使用的过程中进一步深化学习项目； 能够综合运用及掌握计算机、多媒体、摄影等现代技术解决问题； 具备创新意识，能够提出个性化观点。	10		
4	思政课堂	具备基本的语言表达和书面表达能力，能够清晰提出自己的观点； 遵守课堂纪律，自觉维护整理教学器材及用具； 具备环保意识，节约用电、用水、用纸意识； 具备合作意识，乐于贡献有效信息、共享资源。	10		
5	合　　计	100分（包含自评50分和教师评价50分）			

三、参考答案

1. 判断

序号	1	2	3	4	5	6	7	8	9	10
答案	×	√	√	√	√	√	√	×	√	√

2. 选择

序号	1	2	3	4	5
答案	A	C	A	B	B

3. 简答

序号	命题	简答
1	简述厨房卫生间铺贴瓷砖后的注意事项。	（1）填缝需要在瓷砖完全干固后再进行，一般在24小时后进行为宜。 （2）地面瓷砖铺贴完成后，必须确保瓷砖胶完全硬化后才能够在砖面走动或者进行其他施工作业。 （3）瓷砖铺贴后需要进行检查。如果发现有空鼓的地方，需将有问题的地方进行修补重铺。 （4）墙面打孔需要注意力度。 （5）瓷砖地面铺贴完成24小时后必须洒水养护。

续表

序号	命题	简答
2	简述瓷砖空鼓率的验收标准。	（1）地面砖。不同地区的瓷砖质量验收规定有所差异，一般而言，地面砖的空鼓率，应控制在3%以内，主要通道上不能出现空鼓。 （2）墙面瓷砖。墙面瓷砖空鼓一般需要控制在5%以内，也就是一块瓷砖的空鼓面积不能够超过该块瓷砖面积的5%。如果空鼓面积超出该块瓷砖面积的5%，则需要返工修复。
3	简述冬季铺贴瓷砖时容易导致的问题及注意事项。	（1）冬天温度过低，瓷砖胶水化速度慢，容易引起瓷砖空鼓、松动。 （2）一般室内温度低于5℃，不宜铺贴瓷砖。 （3）一般而言，瓷砖起拱主要的成因是瓷砖铺贴的时候，没有留缝或者是留缝过窄。 （4）冬天铺贴瓷砖，需要注意以下几点： ①瓷砖需要在室内放置两三天，让其充分适应室内的温度； ②瓷砖没有干固前，不要在砖面走动踩踏； ③室温应高于5℃，以免影响瓷砖粘贴的牢固程度； ④瓷砖需要采用留缝铺贴； ⑤瓷砖铺贴后，需要进行验收。

参考文献

[1] 全国建筑卫生陶瓷标准化技术委员会. 陶瓷砖：GB/T 4100—2015 [S]. 北京：中国标准出版社，2015：12.

[2] 全国轻质与装饰装修建筑材料标准化技术委员会. 陶瓷砖胶粘剂：JC/T 547—2017 [S]. 北京：中国建材工业出版社，2017：10.

[3] 全国轻质与装饰装修建筑材料标准化技术委员会. 陶瓷墙地砖用填缝剂：JC/T 1004—2006 [S]. 北京：中国建材工业出版社，2018：1.

[4] 北京东方雨虹防水技术股份有限公司. 贴砖伴侣：Q/SY YHF 0105—2020 [S]. 2019：6.

[5] 华砂砂浆有限责任公司. 中厚层瓷砖胶：Q/DXHSJ 0004—2019 [S]. 2019：6.

[6] 北京东方雨虹防水技术股份有限公司. 瓷砖缝隙装饰材料：Q/SY YHF 0099—2019 [S]. 2019：11.

[7] 中国建筑科学研究院. 建筑陶瓷薄板应用技术规程：JGJ/T 172—2012 [S]. 北京：中国建筑工业出版社，2012：8.

[8] 中华人民共和国工业和信息化部. 瓷砖薄贴法施工技术规程：JC/T 60006—2020 [S]. 北京：中国建材工业出版社，2021：1.

[9] 中华人民共和国住房和城乡建设部. 住宅室内装饰装修工程质量验收规范：JGJ/T 304—2013 [S]. 北京：中国建筑工业出版社，2013：12.

[10] 陶瓷大板施工技术规程：T/GBMA 001—2019

[11] 中华人民共和国住房和城乡建设部. 抹灰砂浆技术规程：JGJ/T 220—2010 [S]. 北京：中国建筑工业出版社，2011：3.

[12] 中华人民共和国住房和城乡建设部. 建筑装饰装修工程质量验收规范：GB 50210—2018 [S]. 北京：中国建筑工业出版社，2018：8.

写给未来进入装修行业学生的话

随着我国生活水平的提升，人们对居住品质提出了更高的要求，装修作为与其息息相关的工种，其从业人员技能水平对每个家庭的安全、环保和舒适度起了至关重要作用。本书作者团队一直致力于瓷砖粘贴应用技术的研究，发现了很多材料与应用技术的匹配与否问题。

所谓"三分材料、七分工艺"，为了更好地解决瓷砖粘贴材料与技术应用问题，结合国际、国内的先进经验和国内瓷砖产品特性，本书从施工的实际应用角度出发，图文并茂地展示了瓷砖粘贴技术施工工艺的精髓所在，包括主辅材及工具、瓷砖铺贴系统解决方案、特殊部位处理、质量验收等，直观地阐述了瓷砖铺贴技术的施工工艺，是一本针对职业院校普及技术的图书，通篇浅显易懂，也是一本值得行业内施工技术人员学习的好书，更是中国瓷砖胶粘剂行业推荐的一本施工工艺指导书籍。

带着修行的心去工作，成为一个快乐的工匠师。去实现价值、去创造财富、去建造一个帝国。让社会明白，褪尽铅华，真正珍贵的，是诚意的用心与对梦想的坚执。劳之为洁，洁之为劳，让劳动创造美好。

中国陶瓷工业协会瓷砖粘贴技术专业委员会　胡雪艳

2023年1月13日